图 6-1　网上育雏

图 6-2　地面育雏

图 7-1　果园放牧饲养

图 8-1　蝇蛆

图 8-2　黄粉虫

图 9-1　鸡新城疫

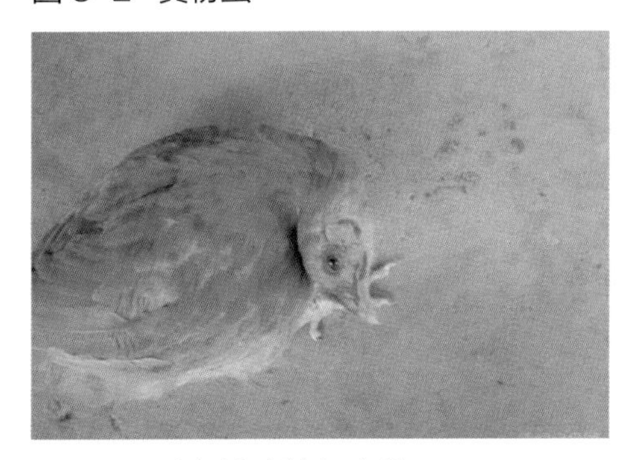

图 9-2　鸡新城疫神经症状

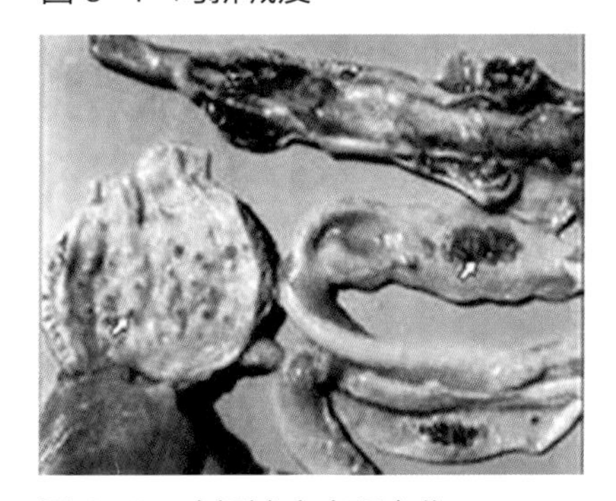

图 9-3　鸡新城疫病理变化

图 9-4　鸡马立克病典型症状

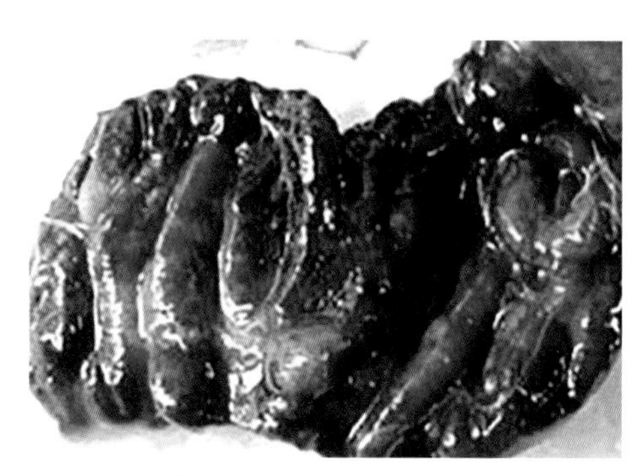

图 9-5　鸡传染性法氏囊病病变

图 9-6　禽流感表现

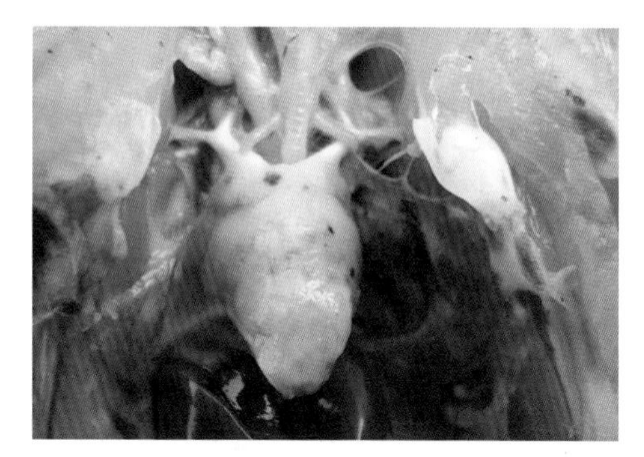

图 9-7　禽流感内脏出血

图 9-8　鸡痘表现

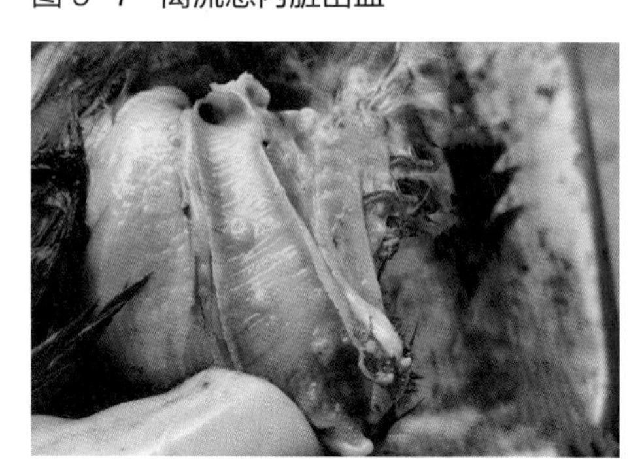

图 9- 9　鸡痘气管病变

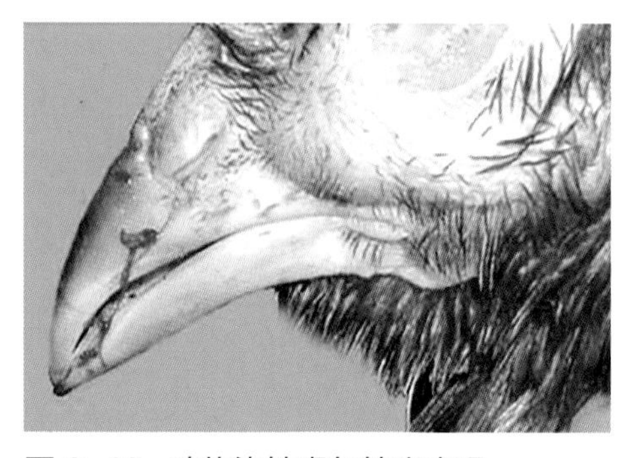

图 9-10　鸡传染性喉气管炎表现

图 9-11　鸡传染性支气管炎气管病变

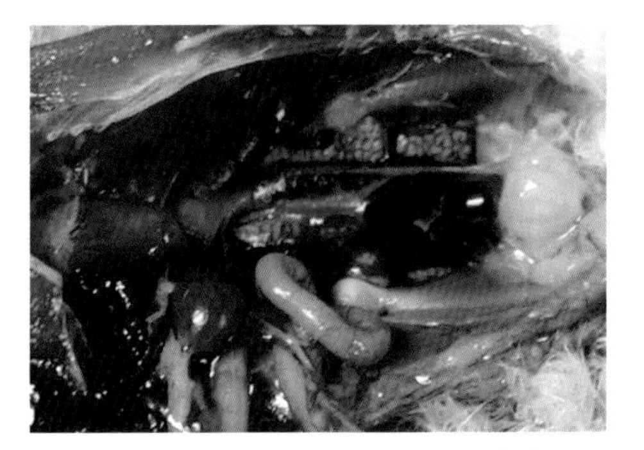

图 9-12　鸡传染性支气管炎内脏病变

图 9-13　鸡霍乱心包积液

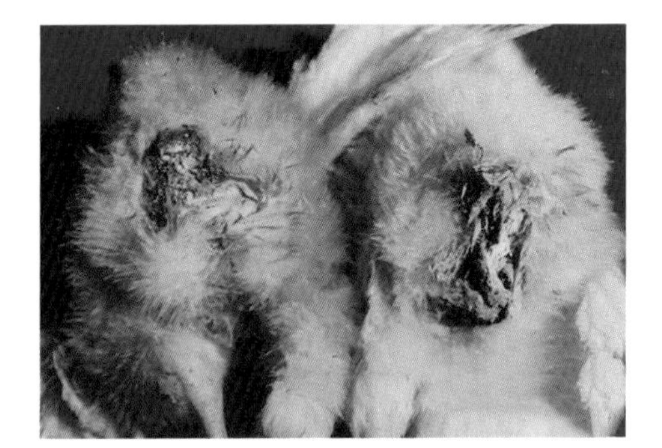

图 9-14　鸡白痢症状

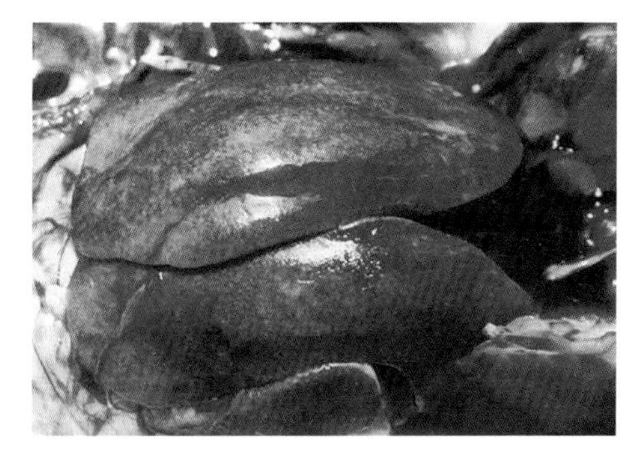

图 9-15　鸡伤寒肝脏病变

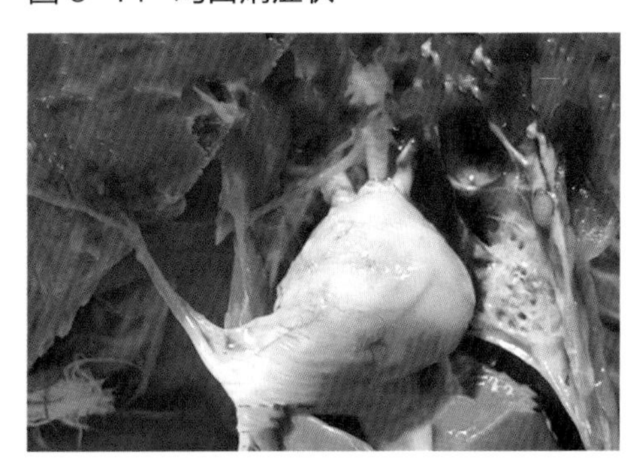

图 9-16　鸡大肠杆菌内脏病变

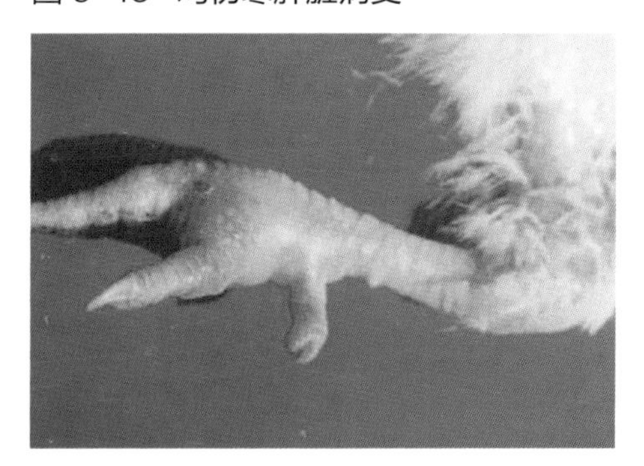

图 9-17　鸡葡萄球菌关节病变

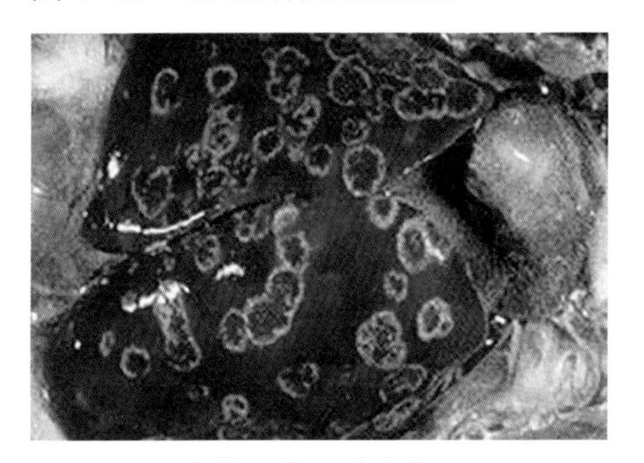

图 9- 18　禽曲霉病肝脏病变

图 9-19　鸡慢性呼吸道病眼部病变

图 9-20　鸡慢性呼吸道病症状

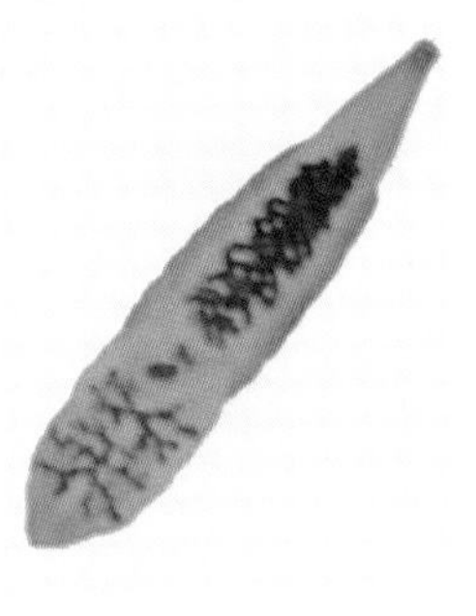

图 10-1　吸虫

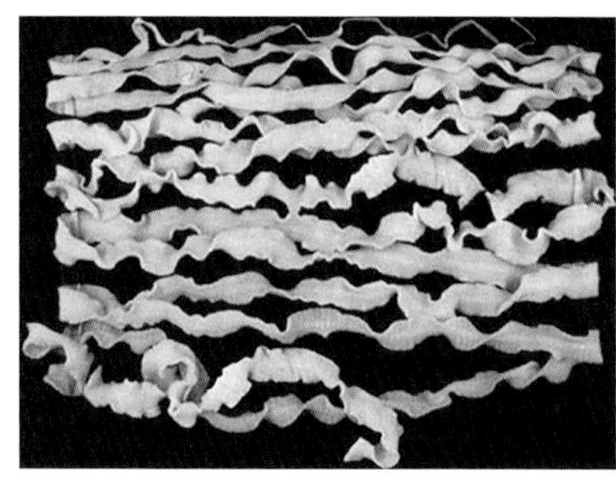

图 10-2　绦虫

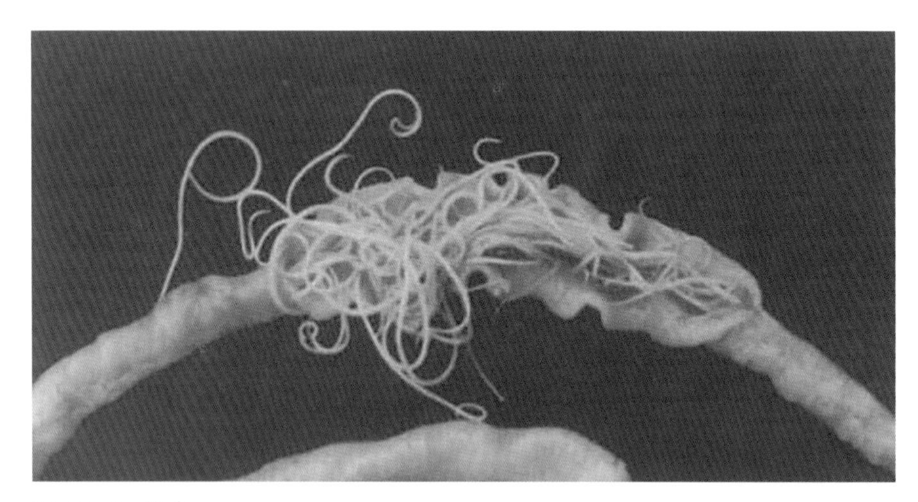

图 10-3　线虫

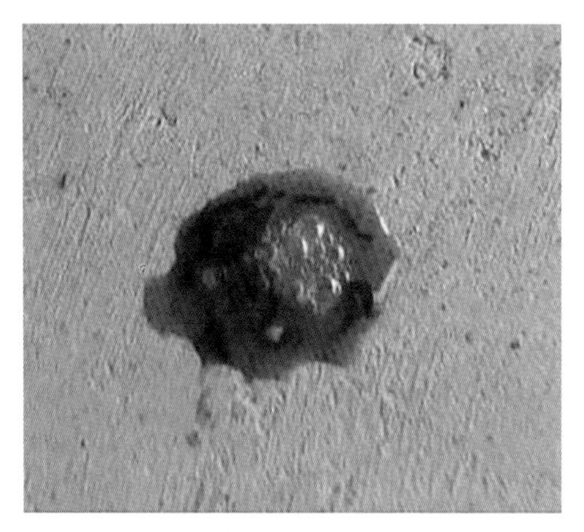

图 10-4　鸡球虫病血便

规模化生态养殖丛书

GUIMOHUA SHENGTAI YANGZHI CONGSHU

土鸡规模化生态养殖技术

李文海　赵维中　李少平 ▸ 主编

化学工业出版社

·北京·

《规模化生态养殖丛书》之《土鸡规模化生态养殖技术》简要介绍了我国生态养土鸡技术的生产现状及发展趋势、生态养殖土鸡的适宜品种选择、生态养土鸡场建设、营养需要与饲料、饲草与饲料及其营养价值、饲养管理、生态放养土鸡的放牧方法、土鸡生态养殖新技术、生态养殖土鸡的疾病综合防治技术等内容。针对我国生态养殖土鸡的现状及存在问题，吸纳了国内外先进适用的技术，从多方面阐述了生态养殖土鸡新的技术及相关新理念，对生态养殖土鸡具有较强的指导意义。

图书在版编目（CIP）数据

土鸡规模化生态养殖技术/李文海，赵维中，李少平主编. —北京：化学工业出版社，2019.8

（规模化生态养殖丛书）

ISBN 978-7-122-34557-8

Ⅰ.①土… Ⅱ.①李… ②赵… ③李… Ⅲ.①鸡-饲养管理 Ⅳ.①S831.4

中国版本图书馆CIP数据核字（2019）第101722号

责任编辑：李　丽　　　　文字编辑：何　芳

责任校对：王素芹　　　　装帧设计：史利平

出版发行：化学工业出版社（北京市东城区青年湖南街13号　邮政编码100011）

印　　刷：北京京华铭诚工贸有限公司

装　　订：三河市振勇印装有限公司

710mm×1000mm　1/16　印张11　彩插3　字数185千字　2019年9月北京第1版第1次印刷

购书咨询：010-64518888　　售后服务：010-64518899

网　　址：http://www.cip.com.cn

凡购买本书，如有缺损质量问题，本社销售中心负责调换。

定　　价：49.00元

《土鸡规模化生态养殖技术》编写人员

主　编　李文海　赵维中　李少平

副主编　张兴红　张振祥　马玉红　李晓宇

参　编　（按姓氏笔画排序）

王永琴　王彦红　王爱清　王海云

吕海军　刘冬生　刘兆秀　李秀娥

李春来　张书强　张虹菲　张艳艳

范倩倩　赵新军　郝　云　郜玉珍

郭红霞　崔元清　崔宏宇　梁建明

薛彦梅

前 言

发展畜牧业离不开科学技术和专业知识的支撑，特别是进入 21 世纪以后，农业现代化、畜牧科技化的观念已经深入人心，生态养殖以其绿色、环保、安全的特点在养殖市场上独树一帜，深受消费者欢迎，且因效益突出，成为当代农民创收、增收的新的发展模式。为了满足广大农民朋友对养殖业方面知识和技能的渴求，同时也为了更好更快地传播知识，我们组织编写了这本书。

本书主要分为两讲内容。第一讲是土鸡生态养殖技术，主要介绍土鸡生态养殖场的选址、圈舍建造与规划布局、生态养殖、生态养殖土鸡场的标准化饲养与管理技术。第二讲主要是重点介绍了土鸡的病毒性传染病、细菌性传染病、寄生虫病普通内科和营养代谢病，就这些疫病的病原、临床症状、主要病理变化和防治方法都进行了详细的论述。本书内容丰富、图文并茂、文字简明、通俗易懂，是当前广大农村发展养殖业的致富好帮手，也可供养殖场（户）技术人员和专业基层干部参考。

本书在编写过程中得到张家口市农业科学院领导的认真指导，也得到了一些养殖场的大力支持，在此表示衷心的感谢。

由于本书编写时间仓促、编者水平所限，本书在编写过程中难免有疏漏之处，敬请广大读者谅解，并提出宝贵意见。

编者

2019 年 7 月

目 录

第一讲
土鸡规模化生态养殖技术

本讲知识要点

- ▶ 土鸡生态养殖的发展概况。
- ▶ 我国的土鸡品种及生物学特性。
- ▶ 土鸡的孵化。
- ▶ 土鸡生态养殖的饲养管理。
- ▶ 土鸡生态养殖新技术。

近年来，随着国内经济的发展和人民生活水平的提高，人们的营养意识和食品安全意识不断增强，优质、安全的生态养殖土鸡产品备受关注，需求量加大。消费者不仅要求土鸡产品营养丰富，而且要有良好的感官性状和口味，更重要的是要求产品安全、无污染。加之我国农户在长期散放饲养条件下，土鸡生产缺乏科学的系统选育，产蛋量较低，耗料多，均匀度不好。为了克服其缺点，发挥土鸡品质优良的特点，我国家禽育种工作者采用现代家禽育种的杂交配套技术，利用我国地方品种进行杂交配套生产，使土鸡既具有一定的生长速度，又具有地方品种鸡的外貌特征。而且我国许多农户将传统的放牧饲养方式和现代土鸡管理方式相结合，充分利用大自然生态环境，在放牧时自由采食自然界青草、昆虫的基础上，补饲全价配合饲料。中西结合，使生态养殖土鸡取得了很好的经济效益。

第一章 土鸡生态养殖的发展概况

第一节 土鸡生态养殖的发展历史

我国养鸡历史悠久，据考古学家从我国河北、河南、山东、山西等省新石器时代古人类聚居遗址出土的大量文物中，发现有不少鸡的骨骼。河北磁山出土的鸡骨已不是野鸡的骨骼而是经驯养后已增大的家鸡了，这说明我国黄河流域在七八千年前就饲养家鸡了。在长期的饲养管理过程中，劳动人民不断选育出了许多优良品种，如九斤黄鸡、丝毛乌骨鸡和狼山鸡等，国外著名品种在育成过程中引入了中国鸡的血液，为养鸡业的发展做出了很大的贡献。

第二节 土鸡生态养殖的发展前景

新中国成立以来，土鸡养殖进入农村家庭，在北方家庭少则五六只，多则十几只二十几只，每年将鸡蛋和自家孵化出的公鸡养大后出售，成为农村家庭副业。改革开放以来，随着肉鸡和高产土鸡品种的引进，特别是20世纪90年代后期，家庭养殖的土鸡越来越少，到21世纪初，我国北方一些村庄已经几乎没有土鸡了。近年来，随着生活水平和消费水平的提高，肉用仔鸡的肉质因其产品口味差，规模土鸡场的鸡蛋因其蛋黄颜色浅，且生产过程中使用抗生素、添加剂等造成残留，所以对生态养殖土鸡产品的需求量越来越高，在市场上生态鸡蛋价格是规模土鸡场鸡蛋的3～5倍，生态放养白条鸡是肉鸡白条鸡价格的2～3倍。

我国有发展优质土鸡生产的基础和有利条件，有十分可观的国内外市场，随着我国经济的迅速发展和人民生活水平的不断提高，我国生态养殖的土鸡及其产品占养鸡业的比例将越来越高，发展前景十分广阔。

第三节 我国土鸡生态养殖的现状及存在的问题

目前国内主要依靠农民零星养殖的地方鸡种——土鸡在市场上极为畅销，供不应求，成为当前农村新的极具活力的经济增长点。20 世纪 90 年代中期以来，优质土鸡养殖开始稳步发展，生产规模不断扩大，技术水平进一步提高。然而我国土鸡生态养殖生产中仍存在诸多问题。

1. 发展生态型饲养方式的原因

随着人民生活水平的日渐提高，人们越来越重视食品安全，追求优质、营养和绿色食品。为了身体健康，减少“病从口入”，绿色、天然、无公害的食品，肉质好、口味佳的鸡蛋、鸡肉受到了广大消费者欢迎。我们必须尽快研究开发出更适应土鸡的饲养方式，提高土鸡的质量和鸡蛋的品质。

2. 生态型饲养的定义

据生态学、生态经济学的原理，将传统养殖方法和现代科学技术相结合，根据不同地区特点，利用林地、草场、果园、农田、荒山等资源，实行放养和舍养相结合的规模养殖。以自由采食野生自然饲料为主，即让鸡自由觅食昆虫、嫩草、腐殖质等，以人工科学补料作为辅助措施，严格限制化学药品和饲料添加剂等的使用，禁止使用任何激素，禁止滥用抗生素。通过良好的饲养环境、科学饲养管理和卫生保健措施等，实现标准化生产，使肉、蛋产品达到无公害食品乃至绿色食品、有机食品的标准要求。

3. 放养对土鸡品质的影响

由于国外集约化养鸡起步较早，关于环境因素（温度、光照、密度等）、营养因素、非营养性添加剂等对鸡的行为、品质和产量的影响已有很多研究。许多研究表明，为鸡创造适宜的环境，并提供运动场地，保证一定的运动量，不仅有利于改善鸡肉品质，而且可以提高其产蛋性能。据报道，母鸡放养 164 天，平均产蛋率为 57%，蛋的品质好，放养鸡精力旺盛，羽毛光亮，鸡冠红润，耻骨扩展，无产蛋能力衰退的表现。放养母鸡表现出觅食本能，平静安逸，有扬沙、日光浴、展翅伸腿的行为。

4. 生态型饲养方式的优势

与普通笼养方式相比，生态型饲养存在如下几个优势：生产和提供优质禽类产品，节省饲料，控制病虫害，降低建筑及设施成本，减少周边环境污染，缓解农牧用地问题，提高经济效益。

5.国内生态土鸡饲养的发展现状

中国农村的现状决定了中国不能走欧美发达国家实行的工厂化、集约化饲养的道路，只能走生态、创新型发展道路。在多年的家禽饲养过程中，我国的饲养人员在实践中不断摸索，结合当地实际情况和禽类饲养科学，开发出了一些具有当地特色、种养结合的禽类生态饲养方式。

6.现阶段生态放养存在的一些问题

从养鸡的角度来说，目前工厂化的养殖模式是世界各国采取的主要方式。而在我国一些经济不发达地区，农村零星散养现象依然比较普遍。有计划有条件地进行规模化、产业化的生态养鸡是一种崭新的家禽生产方式，所以尚有很多问题有待解决和完善。在我国有许多品质优秀的地方性鸡类品种，这些地方品种是我国善于创造和总结的劳动人民历经几千年的检验和筛选，根据不同类型鸡的外貌、体质和生产性能培育出的地方性优良品种。但是一些地方鸡种的缺点也很明显，其早期增重速度缓慢、后期育肥效果差、日常饲料消耗量大、繁育率普遍较低，总体生产效率低。放养地的饲料状况主要受气候变化影响。在我国北方，一年四季变化比较分明，这就造成了在春、夏、秋季野外等自然区域可提供大量的青饲料、草籽、昆虫等，供放养鸡进行自由觅食，一旦进入冬季则基本呈一片荒芜状态，而在实际生产活动中，即使在盛草期也应对放养鸡进行适量补饲，以防止造成个别鸡只的营养不均，影响其生产性能。目前，放养鸡在育雏阶段一般采取规模集约化育雏方式，到放养期则模仿传统型散养方式，这种散放培育方式尚缺乏科学统筹观念，组织形式还很不规范。农村的散放区域对一些传染性疾病和寄生虫病害的防御措施还很薄弱。此外，在户外放养时，蛇、鼠、黄鼠狼和狐狸等野生动物的伤害、意外伤亡时有发生。

所以，大力开发利用我国丰富的土鸡品种资源，进行优质土鸡的生产，走产业化、规模化发展道路，降低成本，提高质量，创造出具有我国特色的品牌，使土鸡规模化生态养殖朝着优质、安全、高效的方向健康发展，是我们今后工作的一项重要任务。

第四节　土鸡生态养殖方式及生产特性

一、土鸡养殖方式

优质土鸡生产就是要打破过去的小农经济的生产方式，进行适度的规模化，从种鸡品种、饲料管理、养殖设备、疫病防治、科学喂养，到产品加工销售、环境保护等形成土鸡养殖产业链，这样也就相当于铺就一条通向致富的大路。

目前，我国优质土鸡的生产多采用半工业化即公司加农户的组织形式。这种形式具有技术、信息及规模上的优势，但在实际的运作过程中，企业可能面临负担过重、资金周转困难等问题，有些土鸡回收不上来，逐渐把企业拖垮。如果在生产模式上加以改革创新，这种组织方式不失为一条土鸡业发展的好路子。对此，我们可选择采取以下措施。

1. 产业化生产

产业化生产即集团式生产，集种鸡饲养、商品鸡饲养、饲料加工、销售等生产环节为一体，各生产环节受集团的统一控制和平衡。这种饲养规模大，饲养管理和经营管理水平高，并具有雄厚的实力，所以对市场波动的承受能力强（见图 1-1，彩图）。

图 1-1　产业化笼养鸡舍

2. 半工业化生产

表现为龙头企业带动周围的农户进行生产，其中一种方法为公司加农户的方式，即公司负责良种雏鸡的供应，成鸡的收购、加工和销售以及技术服务，养鸡户自己出钱购买雏鸡、饲料和药品，这样既减轻了企业的负担，又增强了养殖户的责任心。另一种方式是让农户入股，成为公司的股东，将公司和农户的利益紧密相连，有助于调动两方面的积极性，这样不仅公司可以扩大资金来源，有效地避免拖账和坏死账，使公司得到更好的发展，而且农户的利益也得到保障，实现互利双赢。

图 1-2 生态放养蛋鸡

3. 分散饲养

各个养殖户根据自身的条件，确定适当的饲养规模进行饲养，这种养殖方式，生产条件低下，效益不高，对市场的波动不敏感，处于小农经济生产状态。

4. 生态放养

所谓生态养鸡，就是把鸡群放养到自然环境中，满足鸡的生物学习性，为鸡群提供良好的生活环境，充分利用天然的资源，让鸡肉、鸡蛋恢复应有的天然优良品质。而土鸡一般饲养期为 150 天以上，前期舍饲，后期采用回归自然的生态放养（见图 1-2，彩图）。遵循动物与自然环境和谐发展的自然规律及鸡的生活习性，在草地、草坡、果园、竹园、林地、荒滩上放养。由于活动空间大、空气清新，使机体健康、抗病力强、成活率高。既降低了饲养成本，又增加了野味。养出的鸡羽毛光亮、冠头红润、肉色更黄、皮薄骨细、皮下脂肪适中、风味独特、肉质鲜嫩、香味浓郁，土鸡蛋色香味美、安全无污染，颇受消费者欢迎。

二、土鸡的生产特性

生态养殖的土鸡除雏鸡（0～4 周龄，俗称小鸡）阶段舍内保温育雏外，生长期及育成期（5 周龄以上）均采取舍外放养为主的饲养方式。土鸡依靠野外长时间的采光和运动，体质强健，防病用药成本明显降低，有利于肉质的改善和产蛋量的提高，同时食品安全得到进一步保障。

工厂化养鸡通常采用全程饲喂全价配合料，自由采食。生态养殖的土鸡除育雏期给予较多的配合料外，放养阶段（2～4 月龄）则主要采取以虫、草、谷、蚯蚓及蝇蛆等为主，以配合料为辅的饲喂方法。投喂配合料时，大多采取清晨少喂、中午不喂、晚间多喂的饲喂制度，以充分发挥土鸡的觅食能力，节约饲料，降低成本。

第二章　我国的土鸡品种及生物学特性

第一节　我国土鸡的主要品种

土鸡即本地鸡，由于不同地区、不同消费者的需求，通过长时间的选择和培育，而形成各地不同的地方优良鸡种，土鸡的羽毛颜色有黑、红、黄、白等，脚的皮肤颜色也不相同，大部分为灰褐色、黑色。由于市场消费的不同，在养殖时要选择适宜当地消费市场的品种。最适宜养殖的品种，首先为本地土鸡，其次是地方杂交鸡，再次是良种土鸡。建议土鸡养殖户到专业的土鸡种苗场购买鸡苗，以保证苗种质量。

我国土鸡品种大约有 60 多个。由于人们对鸡的选择和利用目的不同，从而形成了外貌特征、遗传特性、生产性能各异的诸多优质土鸡品种，分布于全国各地。

我国的地方优质土鸡很多，如海兰褐鸡、海兰灰鸡、农大三号、仙居鸡、萧山鸡、清远麻鸡、盐津乌骨鸡、北京油鸡等。下面介绍几种常见品种。

一、海兰褐鸡

海兰褐鸡是美国海兰国际公司培育的四系配套优良土鸡品种。我国于 20 世纪 80 年代引进，目前，在全国有多个祖代或父母代种鸡场，是褐壳土鸡中饲养较多的品种之一。

海兰褐鸡的父本洛岛红鸡具有典型的兼用型鸡种以及中型土鸡的外貌特征。洛岛红鸡原产于美国，育成于 20 世纪初期，有单冠（海兰褐鸡父本均为单冠）、玫瑰冠两个品变种。耳叶红色，全身羽毛深红色，尾羽黑色带有光泽。皮肤、喙和胫的颜色均为黄色。体躯中等、背部长而平是该鸡外形的最大特点。

母本洛岛白鸡，红色单冠，耳叶红色，全身羽毛白色，皮肤、喙和胫的颜色均为黄色。体躯中等，背部不及洛岛红鸡的长而平。

海兰褐鸡的商品代初生雏，母雏全身红色，公雏全身白色，可以自别雌雄。但由于母本是合成系，商品代中红色绒毛母雏中有少数个体在背部带有深褐色条纹，白色绒毛公雏中有部分在背部带有浅褐色条纹。商品代母鸡在成年后，全身羽毛基本（整体上）红色，尾部上端大都带有少许白色。该鸡的头部较为紧凑，单冠，耳叶红色，也有带有部分白色的。皮肤、喙和胫黄色。体形结实，基本呈元宝形。

特点：海兰褐鸡具有饲料报酬高、产蛋多和成活率高的优良特点。

商品代生产性能：1～18 周龄成活率为 96%～98%，体重 1550 克，每只鸡耗料量 5.7～6.7 千克。产蛋期（至 80 周）高峰产蛋率 94%～96%，入舍母鸡产蛋数至 60 周龄时为 246 枚，至 74 周龄时为 317 枚，至 80 周龄时为 344 枚。

19～80 周龄每只鸡日平均耗料 114 克，21～74 周龄每千克蛋耗料 2.1 千克，72 周龄体重为 2250 克。

海兰褐鸡在全国很多地区都可饲养，适宜集约化养鸡场、规模鸡场、专业户和农户饲养。

二、海兰灰鸡

海兰灰鸡为我国多家蛋种鸡场如北京德青源、山东益生等从美国海兰国际公司引进的其育成的粉壳土鸡商业配套系鸡种。

1. 外貌特征

海兰灰鸡的父本与海兰褐鸡父本为同一父本（父本外观特征见海兰褐鸡父本），母本白来航鸡，单冠，耳叶白色，全身羽毛白色，皮肤、喙和胫的颜色均为黄色，体型轻小清秀。

海兰灰鸡的商品代初生雏鸡全身绒毛为鹅黄色，有小黑点成点状分布于全身，可以通过羽速鉴别雌雄，成年鸡背部羽毛成灰浅红色，翅间、腿部和尾部成白色，皮肤、喙和胫的颜色均为黄色，体型轻小清秀。

2. 产品特点

初生雏鸡全身绒毛为鹅黄色，体型轻小清秀，活泼可爱，适应环境能力强，产蛋率高。

3. 后备鸡生产性能

8 周体重 1.42 千克，18 周成活率 98%，饲料消耗 6.0 千克；产蛋性能 50%，产蛋率日龄 151 天，高峰产蛋率 94%，日耗料 105 克，料蛋比（21～74）：

2.29，32 周蛋重 60.1 克，70 周蛋重 65.1 克。

三、农大三号

农大三号节粮小型土鸡配套系是由中国农业大学育成的三元杂交的矮小型土鸡配套系。农大三号的特点主要有以下几点。

① 体型小：成年鸡体重 1600 克左右，身高比普通土鸡矮 10 厘米左右，可提高 33%的饲养密度。

② 采食量低：产蛋高峰期日采量平均 85～90 克/只鸡，比普通土鸡节粮 20%～25%（每只鸡年可节约 9～10 千克饲料）。

③ 饲料转化率高：由于农大三号节粮小型土鸡腺胃乳头比普通土鸡多 36%左右，可提高饲料转化率 25%左右。

④ 料蛋比高：农大三号节粮小型土鸡全程料蛋比为（2.0～2.1）∶1。

⑤ 抗病力强、适应性好、成活率高。

⑥ 性格温顺、不善飞腾，适合林地、果园等地散养或放养。

⑦ 生产性能：农大三号节粮小型土鸡商品代产蛋率最高可达 96%，90%以上产蛋率可持续 3～4 个月，72 周龄可产 300 枚蛋左右，全期平均蛋重约 56 克。

⑧ 品质好、口感好、营养高（蛋黄大、蛋白含水量低），符合中高端消费群体需求。

⑨ 农大三号节粮小型土鸡的成功培育不仅改变了我国土鸡品种长期依赖进口的现状，也将使土鸡饲养水平和经济效益迈上一个新的台阶，并且促进了土鸡产业、绿色农业、生态养殖的健康发展。

四、仙居鸡

仙居鸡又名梅林鸡（见图 2-1，彩图），主要产于浙江省仙居县及邻近临海、天台、黄岩等县。该品种鸡具有全身羽毛紧密贴体，外形结构紧凑，体态匀称，头昂胸挺，尾羽高翘，背平直，骨骼纤细，反应敏捷，善飞跃等特点。仙居鸡生长速度中等，但个体小，属早熟品种，在 180 日龄，公鸡体重为 1256 克，母鸡体重为 953 克。

图 2-1　仙居鸡

开产日龄约180天，年产蛋量为160～180枚，高者可达200枚以上。仙居鸡体小而灵活，配种能力强，就巢性较弱，成活率高（在96%以上）。

五、萧山鸡

萧山鸡又名越鸡（见图2-2，彩图），原产于浙江省萧山区，以义蓬、坎山、靖江等地所产的鸡种为最佳。素以体大、肉质优良著称，特点是早期生长快，早熟，易肥，屠宰率高。当地群众称萧山鸡为“沙地大种鸡”。

图2-2　萧山鸡

萧山鸡体型较大，外形近似方形而浑圆，180日龄公鸡体重2千克以上，母鸡体重1.5千克以上。公鸡体格健壮，羽毛紧密，头昂尾翘。单冠红色、直立、中等大小。肉垂、耳叶红色。喙梢弯曲，端部红黄色，基部褐色。母鸡体态匀称，骨骼较细，眼球略小呈蓝褐色、虹彩橙黄色。喙、胫黄色。它是我国较大的地方鸡种之一，肉质好而味美，体型匀称，特别是阉鸡闻名于江浙一带。

六、清远麻鸡

清远麻鸡原产于广东省清远市。母鸡背侧羽毛有细小黑色斑点，故称麻鸡。它以体型小、皮下和肌间脂肪发达、皮包骨细而著称，素为我国活鸡出口的小型肉用名产鸡之一。清远麻鸡体型特征可概括为“一楔”“二细”“三麻身”。“一楔”指母鸡体型像楔形，前躯紧凑，后躯圆大；“二细”指头细、脚细；“三麻身”指母鸡背羽面主要有麻黄、麻棕、麻褐三种颜色。公鸡体型结实，结构匀称，属肉用体型。出壳雏鸡背部绒羽为灰棕色，两侧各有一条约4毫米宽的白色绒羽带，直至第一次换羽后才消失，这是清远麻鸡雏鸡的独特标志。清远麻鸡以肉用品质优良而驰名。

七、盐津乌骨鸡

盐津乌骨鸡品质优良，营养价值极高。一是其肉细嫩味美，历来有“无骨鸡肉香”的美誉，吃起来特别新鲜可口。二是其具有较高的药用滋补功能，现代医学表明，该鸡有抗衰老、延年益寿、乌黑毛发、润肤美容之功效。三是与国内外其他乌骨鸡相比，其营养价值较高。经四川农科院及西南农大等单位化验分析，盐津乌骨鸡富含高水平的钙、铁、硒等元素，其蛋白质含量为1.76%，在18种氨基酸中，蛋氨酸和赖氨酸分别为0.93%和1.94%，与我国著名的江西泰和乌骨鸡相比，蛋白质高2.02%，脂肪低0.62%，蛋氨酸和赖氨酸分别高0.46%和0.38%，具有高蛋白、低脂肪的显著特点。

八、北京油鸡

北京油鸡原产地在北京城北侧安定门和德胜门外的近郊一带，以朝阳区所属的大屯和洼里两个乡最为集中，其邻近地区，如海淀、清河等也有一定数量的分布。北京油鸡的体躯中等，具有凤头、毛腿和胡子嘴的“三羽”特征（见图2-3，彩图）。北京油鸡皮肤微黄，紧凑丰满，肌间脂肪分布良好，肉质细嫩，肉味鲜美，适于多种烹调方法，为鸡肉中的上品。母鸡7月龄开产，年产蛋量约为110枚，蛋壳褐色，有些个体的蛋壳呈淡紫色，素有紫皮蛋之称。这是一个外貌独特、肉蛋品质兼优的地方优良品种。

图2-3　北京油鸡

第二节　生态土鸡的生物学特性

一、土鸡的外貌

1. 头部

头的外貌特征与品种、性别、健康和生产性能都有关系。

（1）冠　冠为皮肤衍生物，位于头顶，不同品种有不同冠形；就是同一种冠形，不同品种，也有差异。冠形为品种特征之一，可分为单冠、豆冠、玫瑰冠、草莓冠、羽毛冠、肉垫冠和杯状冠七种。冠的颜色大多为红色，色泽鲜红、细致、丰满、滋润是健康的表现。有病的鸡，冠常皱缩，色不红，甚至呈紫色。母鸡的冠是产蛋或高产或停产的表征。产蛋母鸡的冠色鲜红、温暖、肥润。停产鸡冠色淡中，手触有冰凉感，外表皱缩。产蛋母鸡的冠愈红、愈丰满的，产蛋能力愈高。冠还是第二性征的表现，公鸡的冠比母鸡的大且发达。

（2）喙 鸟类为了便于啄食食物，其唇在上下颚骨上角质化为喙。喙的颜色因品种而异，一般与胫的色泽一致。

（3）脸 一般鸡脸为红色，健康鸡色鲜、红润、无皱纹，老弱病鸡脸色苍白、有皱纹。

（4）眼 健康鸡眼有神而反应灵敏，虹彩的色泽因品种而异。

（5）耳叶 位于耳孔下侧，椭圆形而有皱褶，常见的有红、白两种。

（6）肉垂 颌下下垂的皮肤衍生物，左、右组成一对，其色泽和健康的关系与冠同。

（7）胡须 胡为脸两侧羽毛，须为颌下的羽毛。

2.颈部

颈部羽毛具有第二性征，母鸡颈羽端圆钝，公鸡颈羽端尖形、像梳齿一样，特称梳羽。

3.体躯

胸部是心脏与肺所在的位置，应宽、深、发达，即表示体质强健，如为肉鸡，也表示胸肌发达。腹部容纳消化器官和生殖器官，应有较大的腹部容积。特别是产蛋肉鸡，腹部容积较大。腹部容积常采用以手指和手掌来量胸骨末端到耻骨末端之间距离和两耻骨末端之间的距离来表示。这两个距离愈大，表示正在产蛋期或产蛋能力很好。公鸡鞍羽长、呈尖形，像蓑衣一样披在鞍部，特称蓑羽。尾部羽毛分主尾羽和覆尾羽两种。主尾羽公母鸡都一样，从中央一对起分两侧对称数去，共有7对，覆尾羽公鸡的发达，状如镰羽形，覆第一对主尾羽的大覆羽叫大镰羽，其余相对较小叫小镰羽。梳羽、蓑羽、镰羽都是第二性征。

4.四肢

土鸡前肢发育成翼。后肢骨骼较长，其股骨包入体内，胫骨肌肉发达，称为大腿，大腿下称为胫部。胫部鳞片为皮肤衍生物，年幼时鳞片柔软，成年后角质化，年龄愈大鳞片愈硬，甚至向外侧突起。因此，可从胫部鳞片软硬程度和鳞片是否突起来判断鸡的年龄大小。胫部因品种不同而有不同的色泽。

二、土鸡的解剖特点

1.骨骼与肌肉

土鸡的骨骼致密、坚实并且重量很轻，这样既可以支持身体，又可以减轻体重。前肢由于趾骨的消失，以及掌骨的融合而退化，肌肉也不发达。后肢骨骼相当长，股骨包入体内，而且有强大的肌肉固着在上面，这样就使后肢变得强壮有力。

锁骨、肩胛骨与喙骨结合一起构成肩带，脊柱中颈椎和尾椎以及第七胸椎与腰椎、荐椎融合固定。胸肌特别发达，占躯干肌肉量的一半，占整个体重的1/12。

2.呼吸系统

土鸡的呼吸系统由鼻腔、喉、气管、肺和特殊的气囊组成。牛、羊、猪的叫声是靠喉头的声带，禽类喉头没有声带，发出的啼叫音是由于气管分支的地方有一鸣管，气流流经此处产生共鸣而发出不同的声音。

土鸡的胸腔由肋骨分成两段，且又成一定角度，故易于扩张。其肺缺乏弹性，并紧贴脊柱与肋骨。支气管进入肺后纵贯整个肺部的称初级支气管。初级支气管在肺内逐渐变细，其末端与气囊直接相连，沿途先后分出四群粗细不一的初级支气管。次级支气管除了与颈部和胸部的气囊直接或间接连通外，还分出许多分支，称三级支气管。三级支气管不仅自身相互吻合，同时也沟通次级支气管。三级支气管连同周围的肺房和呼吸毛细管共同形成肺脏的单位结构，称肺小叶。

气囊是容纳空气的膜质囊，一端与支气管相连，另一端与四肢骨骼及其他骨骼相通。家禽屠宰后气囊间的界限已不明显，不过当打开胸腔、腹腔时，可在内脏器官上见到一种透明的薄膜，这就是气囊。气囊共有9个，即一个锁骨间气囊、两个颈气囊、两个前胸气囊、两个后胸气囊和两个腹气囊。气囊有下列作用。

（1）贮存气体　全部气囊能贮存很多气体，比肺容纳的气体要多5～7倍。

（2）增加空气的利用率　气囊是膜质的，壁薄且具有弹性，故随呼吸动作易于扩大和缩小，好像风箱一样，这样就可以使空气在吸气和呼气时两次通过肺，增加了空气的利用率。

（3）调节体温　由于禽类的气囊容积大，故蒸发水分的表面积也大，因为水分蒸发需要热量，因而可散发体热。

（4）增加浮力　气囊充满空气，由于空气比身体的任何组织都轻得多，故相对说来就减轻了体重。

3.循环系统

循环系统包括血液循环器官、淋巴循环器官和造血器官。血液循环器官包括心脏和血管，土鸡的心脏较大，相当于体重的0.4%～0.8%，而大动物和人仅为体重的0.15%～0.17%。禽类的红细胞比哺乳动物大，呈蛋形、有核。鸡的血液每立方毫米（2.5～3.5）$\times10^6$ 个红细胞，公鸡的血细胞较母鸡多。鸡的血量为体重的8%左右。

土鸡没有淋巴结，只有淋巴丛。土鸡的脾脏不大，而且形状也与家畜的脾脏不同，为卵圆形或圆形，呈红棕色。位于腺胃和肌胃交界处的右侧，悬挂于腹膜褶上，脾脏是红细胞的贮存器官。

腔上囊与抗病能力有密切关系，位于泄殖腔背侧，为一梨状盲囊。幼鸡的腔上囊特别发达，随性成熟萎缩，最后消失。

4.消化系统

土鸡没有唇也没有牙齿，只有角质化了的坚硬喙（俗称嘴或嘴壳），口腔也有唾液分泌。

（1）食道与嗉囊　土鸡的食道宽阔，由于黏膜有很多皱褶，较大的食物通过时食道易于扩张。嗉囊为食道的膨大部分，呈球形，具有贮存和软化食物的功能。

（2）胃　土鸡的胃分腺胃和肌胃。腺胃主要分泌胃液。胃液中含蛋白酶和盐酸，用于消化蛋白质，食物通过腺胃的时间很短。肌胃又称砂囊，呈椭圆形或圆形，肌肉很发达，内有黄色的角质膜。由于发达肌肉的强力收缩，可以磨碎食物，类似牙齿的作用。鸡在采食一定的沙砾后，肌胃的这种作用会加强，有利于消化。

（3）肠　土鸡的肠道包括小肠、盲肠、大肠三个部分，其中小肠段又由十二指肠、空肠、回肠组成。除与肌胃相连的十二指肠本身具有“U”形弯曲的特征外，下段的空肠和回肠之间无明显界限，一般以卵黄囊收入腹腔后在肠道上所留下的痕迹作为分界线，这个痕迹在肠道上表现为一个肉眼可见的“小肉瘤”，大小似一米粒，通常叫卵黄囊痕迹。卵黄囊痕迹以上到十二指肠的一段小肠称空肠，其下与盲肠相连的一段称回肠，空肠与回肠的长度大致相等，因此也有以十二指肠末端到盲肠为止、以中点为界来划分的。盲肠位于小肠和大肠的交界处，为分支的两条平行肠道，其盲端是向心的，盲肠下端相连的是大肠。土鸡的盲肠有消化纤维素的作用，但由于从小肠来的食物仅有6%～10%进入盲肠，所以家禽对粗纤维的消化能力很低。土鸡的大肠很短，也由结肠和直肠组成，但二者界限不明显。

（4）泄殖腔　泄殖腔为禽类所特有，顾名思义它是排泄、生殖的共同腔道。它被两个环形褶分为粪道、泄殖道和肛道。粪道直接同直肠相连。输尿管和生殖道开口于泄殖道，肛道是最后一段，以肛门开口于体外。

（5）肝脏和胰腺　土鸡的肝脏较大，重约 50 克，位于心脏腹侧后方，与腺胃和脾脏相邻，分左、右两叶，右叶大于左叶。肝脏一般为暗褐色，但在刚出壳的小鸡，因吸收卵黄色素的关系而呈黄色，大约 2 周龄后即转为暗褐金色。右叶肝脏有一胆囊，以贮存胆汁。胆汁通过开口于十二指肠的胆管流入十二指肠内。左叶肝脏分泌的胆汁不流入胆囊而直接通过胆管流入十二指肠内。胰腺位于十二指肠的“U”形弯曲内，即由十二指肠所包围，为一长形淡红色的腺体，有 2～3 条胰管与胆管一起开口于十二指肠。

土鸡的消化道短，仅为体长的 6 倍左右，而羊为 27 倍，猪为 14 倍。由于消化道短。故饲料通过消化道的时间大大地短于家畜。如以粉料饲喂家禽，饲料通过消化道的时间，雏鸡和产蛋土鸡约为 4 小时，休产鸡为 8 小时，抱窝母鸡也只需 12 小时。

土鸡对饲料的消化率受许多因素的影响，但一般地讲土鸡对谷类饲料的消化率与家畜无明显差异，而对饲料中的纤维素的消化率则大大低于家畜。所以，用于饲养土鸡的饲料，应特别注意粗纤维的含量不能过高，否则会因不易消化的粗纤维而降低饲料的消化率，造成饲料浪费。

5. 泌尿系统

由肾和输尿管组成。肾分前、中、后三叶，嵌于脊柱和髂骨形成的陷窝内。土鸡的肾脏没有肾盂，输尿管末端也没有膀胱而直接开口于泄殖腔。尿液在肾脏生成后，经输尿管直接排入泄殖腔，其中部分水分被泄殖腔重新吸收，留下灰白色糨糊状的尿酸和部分尿与粪便一起排出体外。

肾脏的功能是排泄体内的废物，是维持体内一定的水分、盐类、酸碱度的重要器官。

6. 生殖系统

公鸡的生殖器官是由睾丸、附睾、输精管和交媾器所组成。睾丸由精细管、精管网和输出管组成，输出管集合为输精管。鸡输精管是精子的重要贮藏所。

母鸡的生殖器由卵巢和输卵管组成，右侧的卵巢和输卵管在孵化中期以后退化，仅左侧发育完善，具生殖功能。卵巢不但是形成卵子的器官，而且还累积卵黄物质，以供给胚胎体外发育时的营养需要。因此，禽类的卵细胞要比其他家畜的卵细胞大得多。

卵巢位于腹腔左侧，在左肾前叶前方的腹面、左肺的后方，以卵巢系膜韧带悬挂在腰部。

输卵管分为五部分，即喇叭部、蛋白分泌部或膨大部、峡部或管腰部、子宫部、阴道部，为形成蛋的器官。阴道开口于泄殖腔。

7.皮肤与羽毛

土鸡的皮肤极薄，没有汗腺和皮脂腺，仅在尾部有一对尾脂腺。土鸡经常用喙将尾脂腺分泌物涂抹在羽毛上，使羽毛光润、防水。羽毛按其结构分下列三种。

（1）真羽　有羽轴和羽片。羽轴埋入皮肤部分称羽根，构成羽片部分称羽干。羽片是羽小枝之间通过羽纤枝相互勾结而成的。

（2）绒羽　有羽轴，但羽小枝间没有羽纤枝相互勾结，不形成羽片。

（3）发羽　没有羽轴、羽片之分，形状像头发一样。

鸡的羽片从出壳到成年，要经过三次更换。雏鸡出壳时全身被绒羽，这种羽毛保温性能差，绒羽在出壳后不久即开始脱换，由真羽代替绒羽。6～13周龄第二次更换，称青年羽，由13周龄到开产前再更换一次，称成年羽，更换为成年羽后从第二年开始，每年秋冬都要更换一次。换羽时，由于需要大量营养，会造成很大的生理消耗，换羽时应注意营养的补给。

8.土鸡的感觉器官

土鸡同家畜一样都有眼、耳、口、鼻等器官，但是禽类的视觉、听觉、味觉、嗅觉能力却与家畜不同。土鸡的视觉较发达，能迅速辨别目标，但对颜色的区别能力较差，土鸡只对红、黄、绿等光敏感，土鸡的听觉发达，能迅速辨别声音。土鸡的嗅觉能力差，味觉也不发达，土鸡对糖并不表现喜爱，对食盐却很敏感，拒绝吃食盐稍多的食物，拒绝饮氯化钠含量超过0.9%的水。

第三节　土鸡的生理特点

1.新陈代谢的特点

土鸡相对于家畜具有生长迅速、繁殖能力高的特点，因此其基本生理特点是新陈代谢旺盛。表现如下。

（1）体温高　正常体温在40℃以上；而家畜正常体温在40℃以下。

（2）心率高　血液循环快，平均心率为300次/分以上；而家畜中马仅为32～42次/分，牛、羊、猪为60～80次/分。

（3）呼吸频率高　土鸡呼吸频率随品种和性别的不同，其范围在22～110次/分。同一品种中，雌性呼吸频率较雄性高。此外，呼吸频率还随环境温度、湿度以及安静程度的不同而有很大的差异。

土鸡对氧气不足很敏感，它的单位体重的耗氧量为其他家畜的2倍。

2.体温调节的特点

土鸡与其他恒温动物一样，依靠产热、隔热和散热来调节体温。

（1）产热　除直接利用消化道吸收的葡萄糖外，还利用体内贮备的糖原、脂肪或在一定条件下也利用蛋白质通过代谢过程产生热量，供机体生命活动包括调节体温需要。

（2）隔热　由皮下脂肪覆盖贴身的绒羽和紧密的表层羽片，形成一层不流动的空气包围鸡体，产生良好的隔热作用，因而可以维持比外界环境温度高得多的体温。

（3）散热　也像其他动物一样依靠传导、对流、辐射和蒸发散热。但由于土鸡皮肤没有汗腺，又有羽毛紧密覆盖，构成了非常有效的保温层，因而当环境气温上升到26.6℃时，辐射、传导、对流的散热方式受到限制，必须靠呼吸排出水蒸气来散发热量以调节体温，随着气温的升高，呼吸散热则更为明显。一般来说，鸡在7.8～30℃的范围内，体温调节功能健全，体温基本上能保持恒定。若环境温度低于7.8℃或高于30℃时，鸡的体温调节功能就不够完善，尤其对高温的反应比对低温更明显。当鸡的体温升高到42～42.5℃时，则出现张嘴喘气、翅膀下垂、咽喉颤动，这种情况若不及时纠正，就会影响生长发育和生产。通常当鸡体温升高到45℃时，就会昏厥死亡。

3.土鸡繁殖的特点

（1）卵生　土鸡的繁殖为卵生，胚胎在体外发育。可以用人工孵化法大量繁殖。

（2）繁殖的季节性　土鸡产蛋是卵巢、输卵管活动的产物，是和机体的营养状况、外界环境条件密切相关的。外界环境条件中，以光照、温度和饲料特别重要，在自然条件下，这些条件尤以光照对性腺的作用最大，常随季节变化而变化，所以产蛋也随之有季节性，春、秋是产蛋旺季。在现代养鸡业中，光照这一特征正在为人们所控制和改造，从而改变为全年性的均衡产蛋。

（3）抱性　抱性是土鸡的生物学特性之一。这种特性是为了种的延续。鸡报窝时产蛋停止，因此人们养鸡都希望能去除抱性，而抱性又确实可以通过育种工作来减轻或去除，如来航鸡即是一个没有抱性的鸡种。

抱性除了采用育种工作减轻或去除外，还可以将母鸡放入笼内，使其处于通风良好、光照充足的环境，促其醒抱。

第三章 土鸡的孵化

第一节 蛋的形成和构造

一、产蛋机理

(1) 卵泡生长　卵巢上每一个卵泡包含一个卵子，随着卵子发育程度即卵泡生长大小可分为初级卵泡、生长卵泡和成熟卵泡三种状态，在性成熟期以前，卵泡虽大小不等，但生长都很缓慢。接近性成熟时，生长中较大的卵泡迅速生长，并在排卵前经 9～10 天达到成熟。

(2) 排卵　卵泡成熟后，自卵泡缝痕破裂排出卵子的过程叫排卵。排出的卵子在未形成卵前叫卵黄，形成卵后叫蛋黄。

(3) 蛋的形成　卵泡成熟排出卵黄后，立即被输卵管喇叭部纳入。从卵子排出、卵的形成到产出体外所需要的时间，就是卵黄经过输卵管的时间。因此，蛋的形成也可称为卵黄经过输卵管时期。

输卵管蠕动作用推动卵黄在输卵管内沿长轴旋转前进。在膨大部，首先分泌包围卵黄的浓蛋白，因机械旋转，引起这层浓蛋白扭转而形成系带。然后分泌稀蛋白，形成内稀蛋白层，再分泌浓蛋白层，最后再包上稀蛋白，形成外稀蛋白层。膨大部蠕动，促使卵进入管腰部，在此处分泌形成内外蛋壳膜。

卵进入子宫部，形成蛋壳，钙的沉积保持相当一致的速度到蛋离开子宫为止。壳上胶护膜也是在离开子宫前形成，有色蛋壳上的色素，则是由于子宫上皮所分泌的色素卵卟啉均匀分布在蛋壳和胶护膜上的结果。

(4) 蛋的产出　卵在子宫部已形成较为完整的蛋，到达阴道部，只等待产出，时间约为半小时。蛋自阴道产出，受到激素和神经控制。母鸡产蛋都有其一定的光周期反应。

二、蛋的构造

土鸡蛋与其他禽蛋在形状、大小和色泽上虽有差异，蛋的构造是基本相同的，都是由蛋壳、壳膜、气室、蛋白、蛋黄、系带、胚珠七部分组成。

1.蛋壳

蛋壳是包裹鸡蛋内容物的石灰质硬壳，从外向内又分为三层。

（1）胶质层　紧贴在蛋壳外的一层胶质，是附在蛋壳表面的水溶性蛋白，在蛋产出后干燥而形成的一层薄膜。胶质层能封闭蛋壳的气孔，限制蛋内水分的蒸发，防止细菌或霉菌侵入蛋内，长期保存或水洗都可导致胶质膜消失。

（2）海绵层　是由结晶状的矿物质沉积在乳头层上的一层层凹凸不平的硬质层，具有相当的硬度和耐压力，能起到固定蛋形和保护蛋内容物的作用。

（3）乳头层　在海绵层下，作为海绵层的基础，是使蛋具有一定强度的最主要部分。

2.壳膜

壳膜有内、外两层，外层紧贴蛋壳叫外壳膜，内层直接与蛋白接触叫内壳膜。两者之间为气室，两层壳膜都存在气孔。

3.气室

蛋产出后由于温度下降，内容物收缩，使蛋的钝端内、外两层壳膜分离而形成气室，鸡蛋放置时间越久，内容物的水分散发也就越多，气室便随之逐渐增大，借此可鉴别蛋的新鲜程度。气室内充满着空气，可在孵化时给胚胎提供所需的氧气。

4.蛋白

蛋白位于壳膜内，是一种带有黏性的半流动的白色透明体，可分四层，即外层稀蛋白、外层浓蛋白、内层稀蛋白和紧靠蛋黄的系带层浓蛋白，蛋白内含有丰富的营养物质。

5.蛋黄

蛋黄呈半流动的黄色球状，位于蛋的偏中心，由一层透明的蛋黄膜包裹，富有弹性，以保护蛋黄的完整。蛋黄的颜色深浅相间是由鸡体昼夜新陈代谢的节奏性不同而形成的。

6.系带

系带为蛋黄两端的带状物，起着固定蛋黄的作用，使蛋黄位于蛋的中央，不与壳膜接触。系带是由黏蛋白纤维绞转而成的。

7.胚珠或胚盘

蛋黄表面有一个淡白色小圆点称胚珠，胚珠为没有分裂的次级蛋母细胞。受精后次级蛋母细胞经过分裂后形成胚盘，比胚珠略大，内层透明而边缘混浊，是胚胎体外发育的起点。

三、产蛋的规律性

1.产蛋量

产蛋量的多少依赖于产蛋持续期的长短和产蛋期中的产蛋率。鸡在其一个产蛋年中，产蛋期可以分为三个时期，即始产期、主产期和终产期。

（1）始产期　从开始产第一个蛋到正常产蛋开始，一般1周或2周，谓之产蛋始产期。在此期中，产蛋无规律性，产蛋不正常。

（2）主产期　此期产蛋模式趋于正常，母鸡均具有自己特有的产蛋模式，产蛋率逐步增高，一般在32～34周龄产蛋率达到最高峰，然后缓慢下降。主产期是母鸡产蛋年中最长的产蛋期，对产蛋量起着最重要的作用。

（3）终产期　此期相当短，虽然脑下垂体仍可产生促性腺激素，但产蛋量迅速下降，直到不能形成蛋而结束产蛋。

2.产蛋的周期性和产蛋频率

土鸡产蛋都有一定周期性和频率。所谓产蛋周期性，就是一定的产蛋模式可以重复出现。产蛋频率与常用的产蛋率具有相同意义，都是表示产蛋性能的优劣、产蛋强度高低的指标。

年产蛋量是指一个产蛋年中土鸡产蛋的总个数，是土鸡产蛋多少的体现。

第二节　种蛋的选择、保存、运输和消毒

一、种蛋的选择

种蛋质量的优劣，不仅决定孵化率，而且对雏鸡质量、成活率及生产性能都有较大的影响。对种蛋选择要从以下方面着手。

1.种蛋来源

种蛋必须选自遗传性状稳定、生产性能优良、繁殖力较高、未感染过传染病的健康种鸡群，特别是种蛋要求具有无经蛋传播的疾病，如白痢、传支、禽伤

寒、鸡慢性呼吸道病等，并要求喂给的日粮营养完善，饲养管理正常，公母配种比例适当。一般刚开产的种鸡所产的种蛋是不可能获得良好的受精、孵化效果及优质雏鸡的。鸡龄一般在1年以上，但是种鸡年龄也不能太老，因为种鸡利用年限过长，不仅会使产蛋率下降，而且饲料转化率也降低。同时种鸡产蛋年限过长会使所产种蛋的质量下降，后代成活率也受到影响。

2.种蛋的保存时间

一般保存5～7天内的新鲜种蛋孵化率最高，如果外界气温不高，可保存到10天左右。随着种蛋保存时间的延长，孵化率会下降。经过照蛋器检验，发现气室范围很大的种蛋都是属于存放时间过长的陈蛋，不能用于孵化。

3.种蛋的形状和大小

种蛋的形状要正常，应选择大小合适的椭圆形蛋。蛋要符合品种标准，过大孵化率降低，过小则孵出的雏鸡弱小。过长、过圆或其他的畸形蛋不宜用于孵化，否则，不仅孵化率低，而且会孵出畸形雏鸡。

4.蛋壳的颜色与质地

蛋壳要求致密均匀，表面正常，厚薄适度。蛋壳过厚、过硬，敲击时作钢铁声，俗名“钢皮蛋”，这种蛋孵化时受热缓慢，水分不易蒸发，气体不易交换，雏鸡破壳困难。反之，钙质沉积不均匀，蛋壳过薄，俗称“沙壳蛋”，这种蛋容易破碎，水分蒸发快，孵化率低。蛋壳结构不均匀、表面粗糙、皱纹或凸凹不平的蛋均不宜做种蛋。

5.蛋壳表面的清洁度

蛋壳表面应保持清洁，不能污染粪便和泥土。如果蛋壳表面很脏，粪泥污染很多，易被病原微生物入侵，引起种蛋腐败变质，同时堵塞气孔，影响种蛋气体交换，污染孵化器，造成较多的死胎，降低孵化率，所以要特别注意清洁卫生。

二、种蛋的保存

收集起来的种鸡蛋，往往不能及时入孵，需要保存一段时间。如果保存条件差，保存的方法不合理，同样会导致种蛋品质下降，影响孵化率。所以应严格按照种蛋保存对环境、温度、湿度及时间的要求进行妥善保存，以保证种蛋的品质。

1.保存环境

种蛋应放在专用贮存室内。贮存室应冬暖夏凉，空气新鲜，通风良好，清洁，无阳光直射，无冷风直吹，无蚊蝇、老鼠，无其他怪味。要将种蛋码放在蛋盘内，蛋盘置于蛋盘架上，使蛋盘四周通风良好。

2.保存温度

种蛋的保存温度与保存时间长短有关，保存3～4天的最佳温度为22℃，保存4～7天的最佳温度为16℃，保存7天以上者应维持在12℃。

3.保存湿度

为了防止种蛋内水分损失过多和变质发霉而影响孵化率，相对湿度应当维持在70%～80%。

4.保存时间

种蛋保存时间越短，孵化率越高，在适当条件下，保存时间一般不应超过7天。也可采用将种蛋装入不透气的塑料袋内并填充氮气后密封的方法，可延长种蛋保存期到3～4周。

5.翻蛋

保存时间在1周内可不必翻蛋。超过1周后，最好每天翻蛋1～2次，以防止蛋黄胚盘与壳膜粘连。翻蛋就是变换蛋放置的着力点，改变角度就行。

三、种蛋的运输

引进种蛋必然要运输，过去常用箱子运输，先在箱子底下撒上锯末、米糠或者秸草，然后放一层蛋，放一层糠草，直到箱子放满。现在多用蛋托，先将蛋尖头向下放置在蛋托中，然后把放有蛋的蛋托放入蛋箱中即可运输，运输途中要尽量保持平稳，避免剧烈颠簸和震荡。

四、种蛋的消毒

鸡蛋产出后与外界接触，蛋壳表面有很多微生物，为了防止传染病的发生，提高孵化率，提高鸡雏的质量，应对种蛋及时进行消毒，最好在产出后半小时内进行，消毒后的种蛋放入专门的地方存放。常用的消毒方法有以下几种。

1.甲醛熏蒸消毒法

我国多采用入孵时消毒，每立方米空间用福尔马林14毫升，高锰酸钾7克，熏蒸0.5～1小时。消毒时可以在蛋盘架上罩以塑料薄膜，这样可缩小体积，节约用药量。采用此法消毒时应注意以下三点。

① 消毒时，应避开24～96小时胚龄的胚蛋，因为上述药物对24～96小时胚龄的胚蛋有不利影响。

② 消毒时应采用陶器或玻璃容器，先加少量温水，再加高锰酸钾，最后加

入福尔马林。因为福尔马林与高锰酸钾的化学反应剧烈，又有很大的腐蚀性。

③ 消毒时应尽量避免蛋壳上有水珠，因为熏蒸对胚胎不利。可采取先提高温度，待水珠蒸发后再消毒。

2. 新洁尔灭消毒法

采用 1∶1000（5%原液＋50 倍水）的新洁尔灭溶液喷于种蛋表面，或在 40～45℃的该溶液中浸泡 30 分钟。

3. 紫外线照射法

将种蛋放在紫外线灯下 40 厘米处开灯照射 1～2 小时，蛋的背面再照射 1～2 小时即可。

4. 浸泡法

可用 0.5%高锰酸钾溶液浸泡种蛋 1 小时，取出沥干，装盘存放。或将种蛋置于 0.1%的碘溶液中浸泡 30～60 秒，取出沥干存放。

第三节　孵化条件

一、温度

温度是胚胎发育的首要条件，必须严格正确地掌握。因为只有在适宜的温度下，才能保证胚胎正常的物质代谢和生长发育。通常情况下，孵化温度经常保持在 37.8～38.2℃。温度过高或过低都会影响胚胎的正常发育，严重时造成胚胎死亡。孵化温度低时胚胎发育迟缓，孵化期长，死亡率增加。如温度低至 24℃时，经 30 小时胚胎便全部死亡。相反温度高则胚胎发育快，但很弱，如温度超过 42℃并持续 2～3 小时就会造成胚胎死亡。

另外，胚胎发育时期不同，对外界温度的要求也不一样。孵化初期，胚胎物质代谢处于低级阶段，本身产生的体热很少，因而需要较高的孵化温度；进入孵化中期以后，随着胚胎的发育，物质代谢日益增强；特别是孵化末期，胚胎本身产生大量的热量，因此需要较低的温度。据研究，鸡胚孵化至 10 天时，蛋内温度比孵化器内温度高 0.4℃，15 天时高 1.3℃，20 天时高 1.9℃，而孵化末期则高 3.3℃。因此，孵化时一般采取分批交错上蛋的办法，每 5 天左右上一批蛋，而且“新蛋”和“老蛋”的蛋盘必须交错放置，以便互相调节温度。现代孵化机由于改进了通风性能和增加了水冷却系统，可一次装满种蛋，直至移盘后再降低温度。

温度是土鸡孵化的最重要因素，它决定胚胎的生长发育和生活力，正确地掌握温度是提高孵化率的首要条件。

二、湿度

为了保证胚胎的正常生长和发育，获得较高的孵化率，孵化时必须保证适宜的湿度，掌握好“两头高，中间低”的原则。孵化前期要求湿度较大，一般以55%～60%为宜。孵化中期，随着胚胎发育，胚体增大，需要排出一些代谢产物，故需降低湿度到50%～55%，以利于胚蛋中水分的蒸发。孵化后期，为了促进胚胎散发体热，防止胚胎绒毛和壳膜粘连，并使蛋壳变脆，利于胚胎破壳出雏，应提高湿度到65%～70%。当雏鸡出壳达到10%～20%时，应将湿度提高到75%以上，便于雏鸡顺利出壳。

三、通风

胚胎在发育过程中要不断吸收氧气，同时排出二氧化碳。为保持胚胎正常的气体代谢，必须供给新鲜空气。蛋周围空气中二氧化碳含量不得超过0.5%。二氧化碳含量达到1%时胚胎发育迟缓、死亡率增高，出现胎位不正和畸形等现象，致使孵化率下降。

四、翻蛋

天然孵化时，抱鸡经常上下翻动种蛋，并且不时地将蛋从中央调到窝边，又从窝边移到中央来，这就是翻蛋。

若是人工孵化，也需要进行翻蛋，特别是在孵化前期和中期更为重要。翻蛋的主要作用是防止胚胎与壳膜粘连，促进胚胎运动，保持胎位正常，并起到调节气温的作用。

由于孵化用具不同，翻蛋的方法、次数、角度也有所不同。大型电孵机每昼夜翻蛋6～8次，翻蛋的角度达90°以上。平面孵化器与我国一些传统孵化方法，因受热不均匀，在孵化前期、中期每昼夜手工翻蛋4～6次，每次用手抓拿滚动90°，切不可次数太多，避免影响保温。在孵化后期应减少翻蛋次数，出壳前几天停止翻蛋，以利于出壳。

五、凉蛋

凉蛋适当降低了孵化机内的温度，可达到彻底通风换气、促进胚胎活动和散热、增强胚胎抗寒力和生活力的目的。一般地区，在种蛋入孵后的第5天开始每天早、晚各凉蛋一次。在高海拔地区，5～11日龄蛋每天凉蛋2次。凉蛋时间一般为0.5小时。胚胎发育好时，凉蛋时间长达1小时才能将蛋温降下去。

第四节　孵化方法

孵化方法可分为天然孵化和人工孵化。天然孵化就是利用母鸡的抱性进行孵化，无需人为干预，一切顺其自然，直至孵出小鸡。人工孵化分为机器孵化法和传统孵化法两种。

一、机器孵化法

近年来，随着优质土鸡生产的发展，机器孵化日趋普及，而且朝着大型化、自动化的方向发展。目前已普遍采用电孵化器和电脑孵化器，自动程度较高。孵化机内所需的温度、湿度、通风和翻蛋等操作可自动控制，孵化量大，劳动强度大大减轻，便于管理，且孵化效果好。

进行机器孵化时，应按生产工艺过程做好以下工作。

1.孵化前准备

(1) 检修　孵化前应对孵化器的电热系统、风扇、电动机、翻蛋系统进行检修，并观察全部机件运转是否正常，避免孵化中途发生事故。

(2) 消毒　为了保证雏鸡不受疾病感染，种蛋存放室和孵化室的地面、墙壁、天棚均应彻底消毒。

(3) 试温　孵化前应进行试温观察2～3天，一切正常后方可进行孵化。

2.入孵前预温

种蛋在保存期间一般温度较低，入孵前必须经过预温。先将种蛋放在孵化室或室温22～25℃环境下预热4～6小时，使种蛋温度逐步上升至接近孵化温度再入孵，这样可减少因温度突然上升而引起部分弱胎死亡，而且预温后种蛋升温快，胚胎发育整齐，出雏时间较一致。

3.上蛋入孵

将种蛋大头朝上放入孵化盘中即可入孵。鸡蛋有整批入孵和分批入孵两种方式。整批入孵是一次把孵化机装满，大型孵化场多采用整批入孵。分批入孵一般可每隔3天、5天或7天入孵一批种蛋，出一批雏鸡。应注意各批次的蛋盘应交错放置，这样新老胚蛋可相互调温，使孵化器里温度较均匀，又可使蛋架保持平衡。入孵的时间最好安排在下午 4 点钟之后，这样一般可在白天大批出雏，工作比较方便。

4.入孵后的管理

立体孵化机由于构造已经机械化、自动化，管理时主要注意温度、湿度的变化及通风情况，以便及时调整，同时注意观察孵化机运转情况，如电动机是否发热，机内有无正常的声音等，孵化器的风扇叶片、蛋架等应保持清洁、无灰尘，否则影响机内通风且会污染正在孵化的胚胎。大型孵化场或经常停电的地区应自备发电机，以便停电时能立即发电。孵化室应备有加温用的火炉和火墙，以备临时停电时生火加温。同时在地面上喷洒热水，以便调节湿度。必须注意，停电时不可立即关闭通风孔，以免机内上部的蛋因过热而致损。此外临时停电不超过几小时则不必生火加温。

5.照蛋

孵化器内一般照蛋 2～3 次，以便及时验出无精蛋和死胚蛋，并观察胚胎发育情况。

6.移盘（移蛋）

在孵化第 18～19 天最后一次照蛋后，即将孵化机架上的蛋移入出雏机中。此后停止翻蛋，提高湿度，降低温度，准备出雏。在育种场作谱系记录，上蛋时即将每只母鸡的蛋有顺序地装入蛋盘，移蛋应将同一母鸡的种蛋移入同一种蛋笼中，或将每个种鸡的蛋套上出雏袋，以便出雏后进行编号。

移蛋的时期可依胚胎发育情况灵活掌握，如果最后一次照蛋时，气室已很弯曲，气室下部黑暗，气室内见有喙的阴影，则胚胎发育良好，可及时移蛋。如照蛋时大部分蛋的气室边界平齐，气室下部发红，则为发育迟缓，应推迟移蛋，以促进胚胎发育。

7.出雏的处理

在孵化条件掌握适度的情况下，满 20 天就开始出雏。此时应关闭机内的照明灯，避免引起雏鸡的骚动。出雏期间，视出壳情况，拣出空壳蛋和绒毛已干的雏鸡，以利于继续出雏。但不可经常打开机门，以免温度、湿度降低而影响出雏。出雏期如气候干燥，孵化室地面应经常洒水，以保持机内足够的湿度。

在正常情况下，鸡蛋满 21 天即全部结束出雏。出雏结束后，应抽出水盘和出雏盘，清理孵化机的底部。出雏盘和水盘要彻底清洗、消毒和晒干，准备下次出雏用。

8. 做好孵化记录

每次孵化应将上蛋日期、蛋数、种蛋来源、历次照蛋情况、孵化结果、孵化期内的温度变化等情况记录下来，以便统计孵化成绩或作总结工作时参考。此外，应编制孵化记录表以利于工作。

二、传统孵化法

我国人工孵化的历史悠久，孵坊遍布全国各地，孵化方法也多种多样。其共同特点：设备简单，成本低廉，不需用电，在温度的控制上，符合胚胎发育的要求。

传统孵化方法有炕孵、缸孵、电褥孵化和桶孵四种。各种方法大同小异，一般均分为前、后两个半期，前半期靠火炕、缸、电褥或孵桶供温孵化，后半期均靠上摊自温和室温孵化。各种方法只有前半期的给温方式不同，后半期则完全一致。

1. 炕孵法

火炕孵化在我国北方普遍采用，孵化时需具有火炕、摊床和棉被等设施。火炕用土坯或砖砌成，炕上放麦秆或稻草并铺席。在炕的上方设一层或两层摊床（由木或竹竿搭成，是孵化中期以后承放种蛋继续孵化的地方），床上铺席和麦秆，棉被用于包蛋或盖蛋。

火炕孵化要特别重视温度调节，依据不同季节、气候及种蛋的胚龄，通过烧炕次数、覆盖物的多少、翻蛋及凉蛋的方法等来调节温度。鸡蛋前 11 天为炕孵期，温度较高，尤以头 2 天最高，12 天后为摊孵期，温度可稍低。

火炕孵化通常每 5～6 天入蛋一次，分为上、下两层，直接摆在炕席上，盖被、烧炕，如在下午 4 点时放蛋，那么在午夜 12 时再烧炕一次，并开始第一次翻蛋。到次日清晨上层蛋已较温暖、下层蛋温热而不烫的程度，即开始上包。将上层蛋放到包的下层，下层的蛋放在包的上层，然后包紧，再加一层棉被。上包后温度急剧增高，需每隔 2 小时左右翻蛋一次，直到上下层温度达到一定要求时再转入正常孵化。如下午 4 时上蛋，次日中午 12 时左右即可达到这种程度。此后每隔 4～6 小时翻蛋一次，将上下层边缘与中间部分的蛋对调，使所有的蛋受热均匀。

当孵化到第 5 天进行头照，胚蛋孵到 11 天进行二照，然后上摊。摊孵期主要靠自温调节，管理简单，每天仍按时翻蛋，调换蛋的位置，并根据当时蛋温情况增减被单，以掌握适宜的温度。19 天后停止翻蛋，如果 19 天有少数蛋破壳，则可以听到雏鸡叫声。20天时有少量雏鸡出壳和半数以上的蛋破壳，即说明第21天可大量出雏。

出雏期间不要取雏过勤。一般摊床上布满一层已经干毛的雏鸡后再取。取完雏鸡随即拣去蛋壳，以免影响其余的出壳。未出壳的集中到一起继续孵化，等待出雏。一般第一次取雏鸡在半数以上，8～12小时后取第二次，第三次取雏后结束本批孵化。已捡出的雏鸡放在篓筐里等待运走。

2. 缸孵法

缸孵法主要设备有孵缸及蛋箩。孵缸用稻草和泥土制成，壁高100厘米，内径85厘米，中间放有铁锅或黄沙缸，用泥抹牢。铁锅离地面30～40厘米，围壁一侧开25～30厘米的灶口，以便生火加温。锅上先放几块土坯，然后将蛋箩放在上面，一般每箩可放种蛋1000枚。

缸孵分为新缸期和陈缸期。前5天为新缸期，种蛋入缸前先加木炭生火烧缸，除净缸内湿气。一般预烧3天，最后使缸内温度达到39℃以上开始孵化。入孵3～4小时开始翻蛋，以后每4～6小时翻蛋一次，主要将上层蛋与下层蛋、边蛋与中间的蛋互换位置。第6～10天为陈缸期，缸温维持在38℃。上摊以后温度的掌控同火炕孵化。

3. 电褥孵化法

电褥孵化法以电褥子为热源，供热稳定，设备简单，成本低，孵化量可大可小，适合于家庭和专业户使用。孵化室利用普通房屋即可，但要求室内保温、通风良好，温度保持在22～24℃。

孵化床可用木床代替，床面用谷草、稻草等铺平，上面铺电褥子，电褥子上面再铺一层棉被，通电后使温度达到40℃。

温度的检查与调节是在蛋中摆放温度计，入孵后每隔30分钟检查一次。检查温度时以下层蛋为主，同时也要检查上层、中层和边缘的蛋温。蛋温过高时，可通过减少被层、提早翻蛋和凉蛋等措施降温；蛋温低时，可采用增加被层或延迟翻蛋时间等措施来提高温度。

4. 桶孵法

桶孵法又称炒谷孵化法，是我国南方广泛采用的孵化方法。其主要设备有孵桶和蛋网。孵桶是由竹篾编织而成的圆筒形无底竹箩，外表糊以粗厚草纸数层或涂一层牛粪，然后用砂纸内外打磨光。桶高90厘米，直径60～70厘米。每桶附篾编箩盖一个，供保温或盛蛋用，每个孵桶可装鸡蛋1200个。蛋网底平口圆，外缘穿一根网绳，便于翻蛋时提出和铺开。网长50厘米，口径85厘米，每网可装鸡蛋 70 枚左右。每层放两网，一网为边蛋，另一网为心蛋，均铺平，使蛋成单层均匀平放。

桶孵法的主要操作有炒谷、暖桶、暖蛋、入桶、翻蛋等。孵化前先将稻谷炒热，炒谷的孵桶温度要达到 38～39℃，上下层要达到 40～42℃。然后暖蛋，使蛋温达到与眼皮相似的程度，入桶时桶底先放一层冷谷，再放两层热谷，视种蛋的冷暖程度，每装一层即填一层炒热的稻谷或每两层蛋一层热谷并加隔一层厚纸。最后，上面放两层热谷，一层冷谷，再盖一层棉絮。

开始孵化要连续用热谷加温 2～3 次，使种蛋定温，每天翻蛋三四次，翻蛋时要注意将蛋的位置对调即上下对调、边心对调。每层之间放以炒热的稻谷，使蛋温保持在 37～38℃，至 12～13 天即可转入摊床孵化。

第五节 雏鸡的雌雄鉴别

及早鉴别出雌雄雏鸡，在优质土鸡的生产上具有重要的经济意义，因此掌握此项技术很有必要。

1. 动作鉴别法

总的来说，动物雄性要比雌性活泼、活动力强、悍勇好斗，雌性则比较温驯懦弱。因此，一般强雏多为雄，弱雏多为雌；眼暴有光为雄，柔弱温文为雌性；动作锐敏为雄性，动作迟缓为雌性；举步大为雄，步调小为雌性；鸣声粗短而声音清脆多为雄性，鸣声细长而声音尖嫩多为雌性。公雏鸡行走时，两只脚的脚印呈一条直线，喂食时争吃，而且吃得快。母雏鸡握在手中无反抗能力，行走时两只脚的脚印相互交叉，开食迟，吃得慢。

2. 体型外貌鉴别法

（1）看外表　雄鸡的外表特征是头大，眼圆有神；喙长而有尖钩，好啄斗；体长，眼高，脚颈粗。雌鸡与雄鸡相反，头小，眼睛椭圆，反应迟钝，喙短而圆直，性情温和；体圆，眼矮，脚胫细。

（2）看羽毛　雏鸡出壳后 4 天，开始换新羽毛，如果此时胸部和肩尖已有新羽毛长出，就是雌鸡；如果没有新羽毛长出，就是雄鸡。雄鸡一般出壳后 7 天，胸部和肩尖才能看见新羽毛。兼用型鸡和杂交鸡可根据翅、尾羽生长的快慢来鉴别。一般小雌鸡的翅、尾羽长得比小雄鸡快。此外，翼羽形状在小鸡阶段雌雄也有区别。雄鸡翅膀长出的新羽毛为尖形，雌鸡的则为圆形；红羽品种小雌鸡的翅羽颜色浅，雄鸡则较深。

（3）看鸡冠和肉髯　鸡冠和肉髯是鸡的第二性征，一般来说，雄鸡的冠基部肥厚，冠齿较深，颜色较黄，肉髯明显；雌鸡的冠基部薄而矮小，冠齿较浅，颜色微黄或苍白，肉髯不明显。

3.肛门鉴别法

（1）看肛门收缩　将出壳雏鸡握在手中，使肛门朝上，吹开肛门周围的绒毛，用左右手拇指拨动肛门外壁，观察雏鸡肛门张缩情况。拨动时如果肛门闪动快而有力，就是雄鸡；如果闪动一阵停一会再闪动一阵，张缩次数少而慢，同时容易将肛门翻开，就是雌鸡。

（2）翻肛门看生殖突起　先轻轻地握住刚出壳的雏鸡，排掉它的粪便，再翻开肛门的排泄口，观察生殖突起的发达程度和状态。观察时主要是以生殖突起的有无和隆起的特征进行鉴别。雄鸡的生殖突起（即阴茎）位于泄殖腔下端八字皱襞的中央，是一个小圆点，直径0.3～1毫米，一般0.5毫米，且充实有光泽，轮廓明显。雌鸡的生殖突起退化无突起点，或有少许残余，正常形的呈凹陷状。少数雌鸡的小突起不规则或有人突起，但不充实，突起下有凹陷，八字皱襞不发达。有些雄鸡的突起肥厚，与八字皱襞连成一片，且比较发达。此法最好是用来鉴别出壳12～24小时的雏鸡。因为此时雌雄鸡生殖突起差异最明显，以后随着时间的推移，突起就会逐渐萎缩而陷入泄殖腔的深处，不容易鉴别。

（3）用仪器观察　把安装在光学仪器尖端的小玻璃管从小鸡肛门插入直肠内，通过肠壁来观察卵巢和睾丸。雄鸡左、右侧各有1个睾丸，呈黄色，形似香蕉；雌鸡只在左侧有1个卵巢，呈三角形，呈桃红色，右侧卵巢退化。用这个方法同样要求熟练，否则会弄破肠壁，影响鸡的健康成长，熟练后鉴别速度也较快，每6分钟可鉴别100只左右。

4.伴性遗传羽毛鉴别法

（1）用伴性遗传羽色来鉴别　此法就是应用伴性遗传的羽色这一性状进行鉴别。由于亲代雌鸡的白色羽毛这一性状是显性，亲代雄鸡的红色羽毛这一性状为隐性，因而在子代雏鸡中，凡是白色羽毛的都是雄鸡，凡是红色羽毛的都是雌鸡。

（2）用伴性遗传快慢羽来鉴别　用速羽型的雄鸡与慢羽型的雌鸡进行交配，其子代雏鸡凡是慢羽型的都是雄鸡，凡是速羽型的都是雌鸡。鉴别的操作方法是将雏鸡翅膀拉开，可看见两排羽毛，前面一排叫主翼羽，后面一排叫覆主翼羽，覆盖在主翼羽上。如果主翼羽的毛管比覆主翼羽的长，就是雌鸡；如果两排翼羽平齐，不分长短，就是雄鸡。

5. 倒提观察法

提着雏鸡的两脚，将雏鸡倒着提起来。如果握在手中想挣脱，向上昂头，两个翅膀展开拍打，猛力挣扎，一般就是公雏鸡；若脑袋自然地向下垂，翅膀没有展开或者展开以后又慢慢合拢，则多为母雏鸡。

6. 出壳时间鉴别法

同一批孵化的雏鸡，20.5 天出壳的雄鸡占多数，第 21 天出壳的雌雄鸡数均相等，第 21 天以后出壳的雌鸡占多数。

第四章 场址的选择和场区的规划布局

第一节 场址的选择

在场址决定前对拟建场地做好自然条件和社会经济条件的调查研究。自然条件包括地势地形、水源水质、地质土壤、气候因素等方面。社会条件包括供水、供电、交通、环境疫情、建筑条件、经济条件和社会风俗习惯等方面，并注意将来发展的可能性和国家畜牧生产布局。对这些方面的资料做好现场勘测和收集，通过综合分析，为制订建场的设计和布局规划提供依据。现将场址选择各个主要方面的要求分述如下。

1. 地势地形

地势是指场地的高低起伏状况，地形是指场地的形状范围以及地物如山岭、河流、道路、草地、居民点等的相对平面位置状况。鸡场应选择在地势较高、平坦、开阔、干燥、排水良好和向阳背风的地方。

平原地区一般场地比较平坦、开阔，场址选择在周围地段稍高的地方，以利排水。地下水位要低，以低于建筑物地基深度 0.5 米以下为宜。在靠近河流、湖泊的地区，所选场地应比当地水文资料中最高水位高 1～2 米，以防涨水时被水淹没。山区建场应选在稍平缓坡上，坡面向阳，坡度不要太大，坡度大则在施工中需要大量填挖土方，从而增加工程投资，在建成投产后也会给场内运输和管理工作造成不便。山区建场还要考虑地质构成情况，避免断层、滑坡、塌方的地段，也要避开坡底和谷地以及风口，以免受山洪和暴风雪的袭击。

对拟建场地地形应进行实地勘察和测量，绘出地形图，并在图上测算拟建场地的面积、坡度、坡向和各地物间的距离等，作为场址选择和总平面布置的参考。

2. 水源水质

水源水质关系着生产和生活用水以及建筑用水，要给予足够的重视。首先要了解水源的情况，如地面水的流量，汛期水位；地下水的初见水位和最高水位，含水层的层次、厚度和流向。对水质情况需了解酸碱度、硬度、透明度，有无污染和有害化学物质等。如有条件则应提取水样做水质的物理、化学和生物污染等方面的化验分析，水质应符合畜用标准。了解水源水质状况是为了便于计算拟建场地地段范围内的水的资源，看供水能力能否满足鸡场的需水量。

水源和水质与建筑工程施工用水也有关系，主要是与砂浆和钢筋混凝土搅拌用水的质量要求有关。

3. 地质土壤

对场地施工地段的地质状况的了解，可根据当地土层土壤对基础的耐压力确定建筑结构，指导施工用材，防止基础断裂崩塌或基础下沉。地面散养鸡群对土壤的要求以沙壤土或灰质土壤为宜；笼养鸡与地面无直接关系，但要考虑是否便于排水，使鸡场雨后不致积水过久而造成泥泞的工作环境。

4. 气候因素

气候因素主要包括平均气温、绝对最高最低气温、土壤冻结深度、降水量与积雪深度、最大风力、常年主导风向、风频率、日照等情况。通过对气候因素的了解，可以指导禽舍的方位朝向布置；禽舍排列的距离、次序；如何排污；禽舍的防寒、遮阴等建设问题。

5. 供水、供电、道路交通

供水和排水要统一考虑，除前已述及对水源水质的要求外，拟建场区附近如有自来水公司供水系统，可以尽量引用，但需要了解水量能否保证。若使用饮水免疫的疫苗，应注意自来水中残留氯对疫苗效力的影响。大型鸡场最好能自辟深井修建水塔，采用深井水作为主要供水来源，或者当地水量不足时作为补充水源。

鸡场的育雏、机械通风、补充光照、生活用电、加工饲料、自动给料及自动清粪等都需要有可靠的供电条件，如果供电无保证，为防止临时停电，要自备发电机。电力安装容量为每只土鸡 2～3 瓦。

鸡场的饲料、产品以及其他的生产物资、职工的生活物品均需要大量的运输能力。拟建场区交通运输条件是否方便、距地方交通主干线的距离、路面是否平整等均需要调查了解。

6. 环境疫情

拟建场地的环境及附近的兽医防疫条件的好坏，是影响鸡场成败的关键因素之一。特别注意不要在原有旧鸡场上建场或扩建，此外还要远离兽医站、贸易市场、屠宰场及其他养殖场，以对本场防疫工作有利为原则。

鸡场应设在环境比较僻静而又卫生的地方，一般要求离公路、河流、村镇(居民区)、工厂、学校和其他畜禽场500米以外，特别是与畜禽屠宰场、肉类和畜产品加工厂距离应在1500米以上。鸡场应远离铁路、交通要道、车辆来往频繁的地方，距离在500米以上，与次级公路也应有100～200米的距离。

大型土鸡场场址选择最好是果园、山坡、林地，以方便放牧。鸡场选址和建设时要有长远规划，做到可持续发展。鸡场的生产不能对周围环境造成污染，选择场址时应该考虑处理粪便、污水和废弃物的条件和能力。一定要根据饲养规模选择放养地或根据放养地的载畜量确定放养规模，防止过度放牧鸡群对植被的破坏。

第二节　建筑物的种类

土鸡场建筑物的种类按房舍用途划分，有：①生产性用房包括育雏舍、育成鸡舍、商品土鸡舍等；②间接生产用房包括饲料库、蛋库、兽医室、消毒更衣室等；③行政管理用房包括行政办公室、会议室、值班门卫室、配电室、水房、锅炉房等；④职工生活用房包括食堂、宿舍、浴室等。

1.育雏舍

育雏舍是养育从出壳至6周龄雏鸡的专用房舍。由于人工育雏需保持较稳定的温度，无论采用哪种给温方式，室温范围应在25～20℃，逐渐下降，不宜低于20℃以下，因此，育雏舍的建筑要求与其他鸡舍不同，其特点为房舍较矮，墙壁较厚，地面干燥，屋顶装设天花板，以利于保温。同时，要求通风良好，但气流不宜过速，既保证空气新鲜，又不影响温度变化。在采用笼养方式时，其最上一层与天花板之间应有1.5米的空间。

2.育成鸡舍

育成鸡舍是养育离温后的雏鸡转入育成阶段的专用房舍。其建筑要求为要有足够的活动面积，以保证生长发育的需要，使育成鸡具有良好的体质。因此，无论采用何种管理方式，对每平方米的容纳密度应有合理的安排。

(1) 开放式育成鸡舍　土鸡多采用此种鸡舍，可以充分利用阳光，保证空气新鲜，并可设宽敞的运动场，扩大活动面积。但对冬季的保温和夏季的防暑有要求，必须有取暖和降温设施。受自然环境因素的影响较大。

（2）密闭式育成鸡舍　土鸡养殖采用此种鸡舍的不多。可以实现人为控制环境，故无论采用网上平养或叠层笼养，均可取得良好成果，且能长年周转使用，充分发挥鸡舍和设备的经济效益。

3. 产蛋鸡舍

产蛋土鸡舍是用于土鸡夜间休息、冬季保温及防兽害的场所。其建筑形式多为开放式，也可使用育成鸡舍。北方冬季寒冷，为了保温防寒，可建塑料大棚养殖土鸡。

4. 饲料加工间和饲料贮存库

包括原料贮存库、粉碎加工间、搅拌混合间和成品贮藏库等，如果选用全价饲料，只需一个较大的饲料贮存库。

5. 生活用房

主要是解决职工生活福利的需要，一般生活用房应修建在场外的生活区内，包括宿舍、食堂等。

6. 行政用房

包括门卫传达室、进场消毒室、办公室、试验室、配电室、车库和蛋库等。

鸡场的大门出入口应设有消毒池和消毒室，并附有高压水枪，以冲洗进场汽车车轮。进养殖区设有消毒室、更衣室。试验室应分设病理解剖室、处理间和焚化炉等，且不得建在行政区内，应设在生产区下风向的地方，并用围墙加以隔离。

第三节　鸡场规划

鸡场规划也就是鸡场的总体布局，即总平面布置，主要是做好各种房舍的平面相对位置的确定。它包括各种房舍分区规划、道路的规划，供水排水和供电等管线的线路布置，以及场内卫生防疫、环境保护设施的安排。合理的总平面布置可以节省土地面积，节省建场投资，给管理工作带来方便。鸡场规划一定要科学合理。鸡场总体布局的基本要求是：有利于防疫，生产区与行政区、生活区要分开，鸡舍之间要有较大的距离，料道与粪道要分开且互不交叉；为便于生产，各个有关生产环节要尽可能地邻近，整个鸡场各建筑物要排列整齐、尽可能紧凑，可减少道路、管道、线路等的距离，以提高工效，减少投资和占地。

1.鸡场各种建筑物的分区规划

首先应该考虑工作人员的工作和生活集中场所的环境保护，使其尽量不受饲料粉尘、粪便气味和其他废弃物的污染。其次要注意生产鸡群的防疫卫生，尽量杜绝污染源对生产鸡群环境污染的可能性。鸡群的防疫环境对综合性鸡场尤应注意，各个不同日龄的鸡群之间还需分成小区，并有一定的隔离设施。鸡场各种房舍分区规划，按地势和风向安排。就地势的高低和主导风向，将各种房舍按防疫环境需要的先后次序予以排列。如地势与风向不是同一方向而防疫要求又不好处理时，则以风向为主，与地势矛盾处可用其他设施加以解决，如挖沟设障或利用偏角（与主导风向线垂直的两个偏角）。总之，以使水流绕过和避开主风向为原则。

2.总体平面布置的主要依据

（1）养鸡场的生产工艺流程　在考虑总平面布置方案时，就选择生产工艺流程各环节中工作联系最频繁、劳动强度最大、最关键的环节为中心，从有利于组织生产活动这一原则出发，安排好各种房舍的平面位置。生产工艺的两条流程线：其一是饲料（库）—鸡群（舍）—产品（库）；其二为饲料（库）—鸡群（舍）—粪污（场）。因此饲料库、蛋库和粪场要靠近生产区，但又不能设在生产区内，因为三者均需与场外联系。饲料库、蛋库和粪场为相反的两个末端，因此其平面位置也应是相反方向可偏角的位置。

（2）注意卫生防疫条件　规模化土鸡场鸡群组成比较复杂，各种不同年龄、不同批次的大小鸡群同时饲养于一个鸡场中，对生产管理和防疫工作十分不利。因此，对其相应的鸡舍建筑在进行总平面布置时，于饲养区（生产区）内还要分区规划，形成各个鸡群的小区，以便为改善防疫环境创造有利的条件。各个小区之间既要联系方便，又要符合卫生的要求，即要有防疫隔离的条件。有条件的地方，土鸡场内各个小区可以设置隔离带，严格分开，便于控制疫病。

（3）改善生产劳动条件　养鸡场的某些饲养管理工作，虽然可以采用劳力密集型的饲养工艺，不必追求机械化程度，但是在生产管理中，一些环节仍必须施行机械化，以减轻人的劳动强度，改善劳动条件。有些生产管理环节目前还不够条件，也要从长远考虑，为便于施行机械化或提高机械化水平创造条件，留有余地。

（4）合理设计道路管线的铺设　养鸡场内道路、上下水管道、供电线路的铺设，是鸡场建设设计中的一项重要内容。这些线路设计得是否合理，直接关系着建材和资金，而这些道路管线的设计又直接地受建筑物的排列和场地规划设计的影响。因此，考虑总平面布置时，在保证鸡舍之间应有的卫生间隔的条件下，各建筑物之间的距离要尽量缩短，建筑物排列要紧凑，以缩短修筑道路、铺设给排水管道和架设供电外线的距离，节省建筑材料和建场资金。

3. 鸡场道路

道路是总体布置的一个组成部分，是场区建筑物之间、建筑物与建筑设施之间、场内与场外之间联系的纽带。它对组织生产活动的正常进行和卫生防疫以及提高工作效率起着重要作用。

为了防止场区环境卫生和防止污染，场内道路应该净污分道，互不交叉，出入口分开。净道的功能是饲料和产品的运输通道；污道为运输粪便、死鸡、淘汰鸡以及废弃设备的专用道。为了保证净道不受污染，在布置净道时可按梳状布置，道路末端只通鸡舍，不再延伸，更不要与污道贯通。净道和污道以草坪、池塘、沟渠或是果木林带相隔。与场外相通的道路，至场内的道路末端终止在蛋库、料库以及排污区的有关建筑物或建筑设施，绝不能直接与生产区道路相通。

第四节　鸡粪处理

1. 粪便的清除

清粪是保持鸡舍环境卫生必不可少的工作。做好这项工作可防止舍内潮湿、发生异味和有害气体浓度上升超过允许程度。对鸡舍应及时清理粪便，每天1～2次，经常性清粪，粪质新鲜，养分损耗少。厚垫料地面、高床或半高床鸡舍一般是在鸡群出舍后一次性清粪，一次性清粪要清除舍内数月或一年左右的积粪，工作量大而集中，粪质因积存过久、养分损失多而较差。

清粪时注意事项有以下几条。

① 舍内有鸡时，清粪动作要轻缓，尽量避免惊群，并注意粪便有否变化或异常。

② 粪沟有较多粪液时，清粪要注意舍内通风，使清粪时逸出的有害气体尽快排出舍外。

③ 鸡舍内要在清粪后进行彻底冲刷与消毒。

④ 运输粪便与污物的工具要封盖严实，防止在场内散落，车要行驶粪道。

2. 鸡粪的利用

(1) 用作饲料　鸡粪中含有各种营养成分，风干鸡粪中粗蛋白含量高达

33.5%，其中相当一部分为非蛋白氮，能够被反刍动物充分利用。对育肥牛可用干鸡粪代替25%～31%的精料。

（2）用作肥料 鸡粪中含有比家畜粪便中较多的氮、磷、钾，肥效也相对较高，是很好的农家肥。

（3）生物发酵再利用 将鸡粪直接注入沼气池可生产沼气，利用沼气进行供暖、照明和生活需要，对大型养鸡场可利用鸡粪生产沼气进行发电。

3.鸡粪的处理

（1）加工成颗粒肥料 土鸡粪可先经风干或烘干至含水分12%左右，然后加工成3毫米直径的长效颗粒肥料，pH值为7.4，其中含水分7%～10%、氮5%、磷3.6%、钾2%、钙7.7%、镁0.6%、钠0.3%、锰400毫克/千克、锌270毫克/千克、铜20毫克/千克。这种长效颗粒肥料，视土壤含水率，养分能从3天到3个月慢慢释放，且不受土壤高温的影响，也不会像生粪大量释放氨而烧坏作物的根部。

（2）腐熟堆肥法 这种处理鸡粪方法由好气菌分解有机物，不产生氨等有害气体与臭味，同时在腐熟时升温可达65～80℃，能杀死有害微生物，施用量比鲜粪可高4～5倍，且无烧根之虞。方法也较简单，待鸡粪风干后，水分在40%左右时，在远离鸡场处垛堆，将玉米秸或扫帚苗等扎把插入粪堆中央，创造中心部分好气发酵的环境，助其腐熟，如温度达到60℃以上2周后能均匀分散、充分腐熟，即可施用。

第五章　土鸡生态养殖的营养需要与饲料

第一节　土鸡的营养需要

土鸡和其他家禽一样，体温高，生长快，产蛋多，物质代谢旺盛。因而营养需要上按同样体重比家畜需要更多的能量、蛋白质、矿物质和维生素。

一、能量

土鸡的一切生理过程，包括运动、呼吸、循环、吸收、排泄、神经系统、繁殖、体温调节等均需要能量。饲料中碳水化合物及脂肪是能量的主要来源，蛋白质多余时也分解产生热量。

1.碳水化合物

包括淀粉、糖类和粗纤维。对鸡有用的碳水化合物为己糖、蔗糖、麦芽糖和淀粉。自然界中主要的己糖为葡萄糖、果糖、半乳糖、甘露糖。鸡不能利用乳糖，因为鸡的消化液中不含有消化乳糖所必需的乳糖酶类，土鸡对粗纤维的消化能力低，饲粮中粗纤维不可过多，但粗纤维过少时肠蠕动不充分，易发生食羽、啄肛等不良现象，一般饲粮的粗纤维含量应在2.5％～5％。

2.脂肪

胴体和蛋均含有脂肪。土鸡饲粮中淀粉含量较高，淀粉可转化为脂肪，而且大部分脂肪酸在体内均能合成，一般不存在脂肪缺乏的问题，唯有亚油酸在鸡体内不能合成，必须从饲料中提供。亚油酸缺乏时雏鸡生长不良，成鸡产蛋少，蛋孵化率低。以玉米为主要谷物的饲粮通常含有足够的亚油酸，而以高粱、麦类为主要谷物的饲粮则可能出现缺乏现象。

3.维持、生长和产蛋的能量需要

饲粮的能量大部分消耗在维持需要上，包括基础代谢和非生产活动的能量需要。基础代谢的能量需要依鸡体重大小而异，体重愈大单位重量的热量需要愈少，成鸡仅为初生雏鸡的一半。非生产活动需要的能量大约为基础代谢的一半，土鸡因其运动量大，较笼养和平养的鸡用于非生产活动需要的能量多。

环境温度对能量需要影响很大，土鸡有维持恒定体温的本能，环境温度低时则代谢速度加快，以产生足够的热量来维持正常的体温，因而低温比适温时维持需要的能量多。

二、蛋白质

蛋白质是含有碳、氢、氧、氮和硫的复杂的有机化合物，由20种以上的氨基酸构成，是土鸡细胞和土鸡蛋的主要成分。肌肉、皮肤、羽毛、神经、内脏器官以及酶类、激素、抗体等均含有大量蛋白质。蛋白质不能由其他物质来代替，如脂肪和碳水化合物都缺少蛋白质所具有的氮元素，在营养上不能代替蛋白质的作用。

饲粮中蛋白质和氨基酸不足时，雏鸡生长缓慢，食欲减退，羽毛生长不良，性成熟晚，产蛋量少，蛋重小。严重缺乏时，采食停止，体重下降，蛋巢萎缩。为了维持鸡的生命，保证雏鸡正常生长，成鸡大量产蛋，必须从饲料中提供足够的蛋白质和必需的氨基酸。

1. 土鸡的必需氨基酸

饲料蛋白质的营养价值主要取决于氨基酸的组成和数量。土鸡的必需氨基酸有蛋氨酸、赖氨酸、组氨酸、色氨酸、苏氨酸、精氨酸、异亮氨酸、亮氨酸、苯丙氨酸、缬氨酸、胱氨酸、酪氨酸和甘氨酸共13种。前10种氨基酸不能在鸡体内合成，必须从饲料中供应。后3种中，胱氨酸不足时蛋氨酸需要量增加，酪氨酸不足时苯丙氨酸需要量增加，饲粮中胱氨酸和酪氨酸充足时，可节省蛋氨酸和苯丙氨酸的用量。甘氨酸虽可在鸡体内合成，但雏鸡合成的速度慢，不能满足雏鸡快速生长的需要。因此，这3种氨基酸也需要通过饲料供应，一并列入必需氨基酸中。

2. 氨基酸的平衡

必需氨基酸中任何一种氨基酸不足都会影响鸡体内蛋白质的合成，饲养土鸡时必须注意氨基酸的平衡。尤其是赖氨酸、蛋氨酸、色氨酸和胱氨酸，在一般谷物中含量较少，土鸡利用其他各种氨基酸合成蛋白质时，均受它们的限制，称为限制性氨基酸。蛋白质水平低的饲粮添加一些限制性氨基酸，可充分利用其他氨基酸，提高土鸡的生长速度和产蛋量。实践中配制土鸡饲粮时用植物性和动物性蛋白质饲料补充氨基酸的不足，但是单喂植物性蛋白时鸡仍然生长慢、产蛋少，而补加一些动物性饲料就显著改善，主要是动物性饲料的氨基酸组成完善，特别是蛋氨酸、赖氨酸含量高。因此，实际饲养土鸡时，饲料种类要多一些，补充一部分动物蛋白质饲料或添加人工合成的蛋氨酸和赖氨酸，以保证氨基酸的平衡。

氨基酸供应过多时，虽然蛋白质合成暂时有所增加，达到一定限度时，剩余的氨基酸脱氨基（尿中排出的氮增加）转化为体脂肪蓄积起来而致鸡体过肥、食欲减退。氨基酸极度过剩时，不仅造成经济上的损失，还会引起种种生理障碍，例如，蛋氨酸含量过多时出现采食量下降、增重减少。

某些氨基酸之间的特殊关系在确定土鸡营养需要时也必须加以考虑。

① 蛋氨酸与胱氨酸：蛋氨酸只能用蛋氨酸满足需要，而胱氨酸可由胱氨酸或蛋氨酸满足需要。因蛋氨酸在代谢上很快可以转化为胱氨酸，但反过来胱氨酸不能转化为蛋氨酸。

② 苯丙氨酸和酪氨酸：苯丙氨酸只能用苯丙氨酸满足需要，而酪氨酸可由酪氨酸或苯丙氨酸满足需要。

③ 甘氨酸和丝氨酸：两者可以互相代用，通常饲粮总蛋白质量满足需要时，甘氨酸和丝氨酸也够用。

某些氨基酸之间互有拮抗作用，如缬氨酸-亮氨酸-异亮氨酸，精氨酸-赖氨酸。增加某一组的一个或两个氨基酸也能提高同一组内其他氨基酸的需要量。

3. 饲粮的蛋白质和氨基酸水平

土鸡为群饲，实际饲养时必须按群体配制饲料，蛋白质含量则以百分比表示。确定饲粮蛋白质水平时，首先明确饲粮的能量水平，因能量水平影响采食量，而采食量不同，实际进食的蛋白质质量也发生变化。能量水平确定之后再按产蛋率、体重和环境温度等配制不同蛋白水平的饲粮，饲喂时适当调节采食量，即可满足鸡对蛋白质的需要。

土鸡按饲粮中每单位能量的蛋白质和氨基酸的需要量，以肉用仔鸡和种用雏鸡的育雏阶段最多，而后随雏鸡生长逐渐减少；产蛋土鸡从初产到产蛋高峰需要量最大，而后随产蛋量的下降需要量也相应减少。

三、矿物质

鸡体内矿物质种类很多，其性质差异也很大。概言之，矿物质有调节渗透压、保持酸碱平衡等作用；矿物质又是骨骼、蛋壳、血红蛋白、甲状腺激素的重要成分，因而成为土鸡正常生活、生产所不可缺少的重要物质。但任何成分如喂量过多，都会引起营养成分间的不平衡，甚至发生中毒，所以必须合理搭配。

在矿物质中，土鸡对钙和磷的需要量最多。钙是骨骼的主要成分，蛋含的钙也多，特别是蛋壳主要由碳酸钙组成。钙对于凝血以及与钠、钾在一起保持正常的心脏功能都是必需的。雏鸡缺钙易患软骨病，成鸡缺钙时蛋壳变薄、产蛋减少，甚至产无壳蛋。钙在一般谷物和糠麸中含量很少，必须注意补充。

在养鸡实践中，也有因为强调钙的重要性而补充钙量过多的现象。钙量过多有碍雏鸡生长，影响镁、锰、锌的吸收。蛋壳上有白垩状沉积、两端粗糙可能就是母鸡喂钙过多的结果。

磷也是骨骼的主要成分，体组织和脏器含磷也较多。磷在碳水化合物和脂肪代谢以及维持机体的酸碱平衡中也是必要的。鸡缺磷时，食欲减退，生长缓慢，严重时关节硬化，骨骼易碎。谷物和糖麸中含磷较多，但鸡对植酸磷的利用能力低，饲粮缺少鱼粉时尤应注意补充磷。

饲养土鸡时，除注意满足钙和磷的需要量外，还要按饲养标准注意钙、磷的正常比例。一般情况下雏鸡以1.2∶1为宜，产蛋土鸡4∶1或钙更多一些为合适，两者的比例适当有助于钙、磷的正常利用，保持血液和其他体液的中性。

食盐在血液、胃液和其他体液中含量较多，在土鸡生理上起着重要作用。食盐中的氯离子可生成胃液中的盐酸，保持胃液的酸性；钠离子在肠道中保持消化液的碱性，有助于消化酶的活动。饲养土鸡时必须补给少量的食盐，占饲料的0.37%。食盐不足则鸡的消化不良，食欲减退，生长发育缓慢，容易出现啄肛、食血等恶癖，产蛋土鸡体重、蛋重减轻，产蛋率下降。

还有一些矿物质在维持土鸡的正常生理作用上也是很重要的，如钾、镁、硫、铁、铜、锰、锌、碘和硒等。但大部分在土鸡饲粮中并不缺乏，只有少数微量元素以添加剂形式予以补充。主要是锰、锌和铜，有时也补充铁、碘和硒。

四、维生素

土鸡对维生素的需要量甚微，但它们在鸡体物质代谢中起着重要作用。土鸡与家畜比较，消化道内微生物少，大多数维生素在体内不能合成，因而不能满足需要，必须从饲料中摄取。缺乏时则造成物质代谢紊乱，影响土鸡的生长、产蛋和健康。种鸡和幼雏对维生素的要求更严，有时鸡群产蛋量并不低，而受精率、孵化率不高，往往是某些维生素缺乏所致。

土鸡必须从饲粮中摄取的维生素有13种，其中脂溶性的有维生素A、维生素D、维生素E、维生素K四种，水溶性的有维生素B_1、维生素B_2、烟酸、吡醇素、泛酸、生物素、胆碱、叶酸和维生素 B_{12} 九种。其中，最易缺乏的是维生素A、维生素 B_2、维生素 D_3，而维生素 B_1 和吡醇素在饲料中含量丰富，无需特别补充，维生素C在鸡体内可以合成，只在高温环境时有补充的必要。

许多维生素存在于青饲料中，土鸡在夏季能够采食青绿饲草，一般不易缺乏。

（1）维生素A　或称促生长维生素，可维持上皮细胞和神经组织的正常功能，促进生长，增进食欲，促消化，增强对传染病病原寄生虫的抵抗能力。缺乏时土鸡生长慢，产蛋少，孵化率低，抗病能力减弱，易发各种疾病，是最重要而易缺乏的维生素之一。维生素A在鱼肝油中含量丰富。胡萝卜、苜蓿干草中含胡萝卜素较多，经水解后可变成维生素A。谷物及副产品中只有黄玉米含有少量的胡萝卜素，故以此为主饲料时应注意补充。

（2）维生素D　与鸡体内钙磷代谢有关，缺乏时雏鸡生长不良，羽毛粗乱；腿部无力，常行走几步即蹲伏休息。喙、脚和胸骨软而易弯曲，踝关节肿大。成鸡则蛋壳薄或软，产蛋率和孵化率下降。

鸡体皮下的7-脱氧胆固醇经紫外线照射可生成维生素D，开放平养时除冬季舍饲外不致缺乏，笼养则应补充。维生素D有几种，土鸡对维生素 D_3 利用能力强，其效能比维生素 D_2 高40倍，在鱼肝油中含维生素 D_3 多，青饲料中的麦角固醇经紫外线照射可能变为维生素 D_2。

（3）维生素E　与核酸的代谢以及酶的氧化还原有关。缺乏时雏鸡患脑软化症、渗出性素质病和肌肉不良（肌纤维呈淡黄条纹），公鸡发生睾丸退化，种蛋孵化率低。添加维生素E可提高孵化率，促进雏鸡生长。鸡处于逆境时维生素E需要量增加。维生素E在青饲料、谷物胚芽和蛋黄中含量较多。

（4）维生素K　是土鸡维持正常凝血所必需的一个成分。雏鸡缺维生素K时易患出血病，此时肝脏合成凝血酶原的能力降低，凝血的时间长，微细血管破损，会导致大量出血，常见翼下出血，冠苍白，死前呈半蹲坐姿势。母鸡缺维生素K，孵化的雏鸡易患出血病，有时因消化道患病，影响维生素K的吸收，也导致出血。已知维生素K有四种，维生素 K_1 在青饲料和大豆中含量丰富，维生素 K_2 可在土鸡肠道内合成。维生素 K_3 和维生素 K_4 为化学制剂，补充维生素K时常用后两种。

（5）B族维生素

① 维生素 B_1（又名硫胺素）：与保持糖类代谢和神经功能正常有关。缺乏时鸡食欲减退，衰弱，消化不良和发生痉挛。硫胺素在糠麸、青饲料和干草中含量丰富。

② 维生素 B_2（又名核黄素）：对体内氧化还原、调节细胞呼吸起重要作用。是 B 族维生素中对土鸡最为重要又易不足的一种。缺乏时雏鸡生长不良，软腿，有时以关节触地走路，趾向内侧卷曲。成鸡产蛋少，特别是孵化率低。核黄素在青饲料、干草粉、酵母、鱼粉、糠麸和小麦中含量较多。

③ 维生素 B_3（又名泛酸）：与碳水化合物、蛋白质和脂肪代谢有关。缺乏时发生皮肤炎，羽毛粗糙，生长受阻，骨短粗，口角有局限性痂块损伤，种蛋孵化率低。泛酸和核黄素的利用有关，一种缺乏时另一种需要量增加。此外，泛酸很不稳定，与饲料混合时易受破坏，故常用其钙盐作添加剂。泛酸在酵母、糠麸、小麦中含量较高。

④ 维生素 B_4（又名胆碱）：是体内含甲基化合物，为蛋氨酸等合成甲基的来源。雏鸡需要量大，缺乏时生长缓慢，发生屈腱病。胆碱有助于脂肪的移动，可以预防脂肪肝病。胆碱在小麦胚芽、鱼粉、豆饼、糠麸、甘蓝中含量丰富，玉米中含量较少。饲料以玉米为主而缺少麦类、糠麸时，应注意补充；相反，饲粮中麦类、糠麸充足时可不另补充胆碱。

⑤ 维生素 B_5（又名烟酸）：是某些酶类的重要成分，与碳水化合物、脂肪和蛋白质代谢有关。雏鸡需要量高，缺乏时食欲减退，生长慢，羽毛不良，踝关节肿大，腿骨弯曲；成鸡缺乏时，种蛋孵化率低。烟酸在酵母、豆类、糠麸、青料、鱼粉中含量丰富，麦类中含量也较多。

⑥ 维生素 B_6（又名吡哆醇）：亦称白鼠抗皮肤炎维生素，鸡缺乏时发生神经障碍，从兴奋而至痉挛。雏鸡生长缓慢，食欲减退。吡哆醇在一般饲料中含量丰富，又可在体内合成，很少有缺乏现象。

⑦ 维生素 B_7（又名生物素）：在肝、肾中较多，参与脂肪和蛋白质代谢，缺乏时发生皮肤炎，脚发红，喙有溃疡，雏鸡患屈腱症，运动失调，骨骼畸形，种蛋孵化率低。鸡蛋白中有一种抗生物素蛋白，因而母鸡有啄蛋癖时易发生生物素缺乏症。生物素在鱼肝油、酵母、青饲料、鱼粉、谷物和糠麸中含量较多，雏鸡利用率低。

⑧ 维生素 B_{11}（又名叶酸）：与维生素 B_{12} 共同参与核酸的代谢和核蛋白的形成。缺乏时雏鸡生长缓慢，羽毛不良，贫血，骨短粗，种蛋孵化率低。苜蓿粉、青饲料、酵母、大豆饼、麸皮和小麦胚芽中含量较多。

⑨ 维生素 B_{12}（又名氰钴胺素）：参与核酸合成、碳水化合物代谢、脂肪代谢以及与维持血液中谷胱甘肽有关。缺乏时雏鸡生长不良，种蛋孵化率低。维生素 B_{12} 在鱼粉、骨肉粉、羽毛粉等动物性饲料中含量丰富，苜蓿中含量也较多。

鸡舍的厚垫草内也含有维生素 B_{12}。

五、水

雏鸡身体含水分约 70%，成鸡含水分 50%，蛋含水 70%。水在养分的消化吸收、代谢废物的排泄、血液循环和调节体温中均起重要作用。饮水不足则饲料的消化吸收不良，血液浓稠，体温上升，生长和产蛋都受影响。鸡体失水 10% 时即可造成死亡。鸡的饮水量依季节、产蛋水平而异，一般一只鸡一天为 150～250 克。气温高时饮水量增加，产蛋量高时饮水量也多，笼养比平养饮水量多，限制饲养时饮水量也增加。一般，成鸡的饮水量约为采食量的 1.6～2 倍，雏鸡的比例更大些。

在环境因素中，温度对饮水量的影响最大，当气温高于 20℃时饮水量即开始增加，35℃时饮水量为 20℃的 1.5 倍。0～20℃时饮水量变化不大，0℃以下时饮水量减少。夏季气温高，鸡采食量小，饮水增加。此外，鸡患病或处于逆境时，往往在采食量减少前 1～2 天，饮水量就先减少。注意观察这些细微变化，有助于及早采取措施，少受损失。

第二节　土鸡的常用饲料

一、能量饲料

1. 谷实类

（1）玉米　含能量高，纤维少，适口性强，而且产量高，价格便宜，为鸡的优良饲料。黄玉米含胡萝卜素高，有利于鸡的生长、产蛋，蛋黄及皮肤颜色也鲜黄。喂量可占饲粮的 35%～65%，玉米与其他谷类比较，钙、磷及 B 族维生素含量较低。

（2）小麦、麦秕　都是很好的养鸡饲料。小麦含热量也较高，蛋白质多，氨基酸比其他谷类完善，B 族维生素也较丰富。麦秕是未成熟的小麦，籽粒不充实，为制粉厂出来的次等品，比小麦的蛋白质含量高，适口性好，价格便宜。小麦和麦秕的用量可占饲粮的 10%～30%。

（3）大麦、燕麦　比小麦能量低，B 族维生素含量丰富，少量使用可增加饲粮的饲料种类，调剂营养物质的平衡。大麦和燕麦皮壳粗硬，不易消化，宜破碎或发芽后饲喂。大麦发芽可提高消化率，增加核黄素含量，适于配种季节饲喂。限制饲养时，每日下午或停料日每只鸡喂 10 克大麦或燕麦效果也很好。

（4）粟、稻米、高粱、草籽等　均为土鸡的良好饲料。粟以黄色的品种含胡萝卜素稍多，去皮后的小米和碎大米均易消化，其米粒大小又便于雏鸡啄食，是民间育雏的最好饲料。粟和草籽喂成鸡或后备鸡可占饲粮的 10%～20%。小米、碎大米可占 20%～40%。高粱因含单宁酸，喂量不宜过多，以 5%～15%为宜。

2. 糠麸类

（1）小麦麸　价格低廉，蛋白质、锰和 B 族维生素含量较多，为土鸡最常用的饲料。但因能量低、纤维含量高、容积大，喂鸡时不宜过多，雏鸡和成鸡可占饲粮的 5%～15%，育成鸡可占 10%～20%。

（2）米糠　脂肪含量稍高，特性和用量与麸皮类似。

（3）其他糠类　如粟糠、高粱糠及玉米糠等，这些糠类纤维含量很高，质量较差，适于喂鸡。喂鸡时用量比小麦麸要少些。高粱糠容易发酵，更应注意质量。

3. 块根、块茎和瓜类

马铃薯、甜菜、南瓜、甘薯等含碳水化合物多，适口性强，产量高，易贮藏，是土鸡的优良饲料，饲喂时注意矿物质的平衡。马铃薯、甘薯煮熟以后喂食则消化率高。发芽的马铃薯含有毒质，宜去芽后再喂，清洗和煮沸马铃薯的水要倒掉不可饮用，以免中毒。木薯、芋头的淀粉含量高，多蒸煮后拌入其他饲料中喂给，也可制成干粉或打浆后与糠麸混拌晒干贮存。木薯需去皮浸水去毒后饲喂。

4. 糟渣类

酒糟、糖浆、甜菜渣也可做土鸡的饲料。酒糟和甜菜渣因纤维含量高，不可多用。糖浆含糖量丰富，并含大约 7%的可消化蛋白质，成鸡可日喂 15 克左右，喂时用水稀释，但应注意品质新鲜，幼雏可少喂。

二、蛋白质饲料

1. 植物性蛋白质饲料

（1）大豆饼　蛋白质含量和蛋白质营养价值都很高，含赖氨酸多，是养鸡常用的最优良的植物性蛋白饲料。特别是当动物性饲料比较缺乏的情况下，大豆饼添加蛋氨酸是很好的蛋白质饲料。用量可占饲粮的 10%～25%。用大豆饼喂鸡时，喂前必须磨成粉或泡软打碎，以利消化。

（2）其他油饼　如花生饼、芝麻饼、向日葵饼、菜籽饼、棉籽饼和亚麻仁饼等，蛋白质含量也较高，但粗纤维含量较大，可占饲粮 5%～10%。花生饼和芝麻饼的蛋氨酸含量较高。菜籽饼含有黑芥素和白芥素，喂前应加热去毒。棉籽饼含有棉酚，喂前应粉碎并加硫酸亚铁0.5%，使其与铁结合去毒。亚麻仁饼如用温水浸泡可产生氢氰酸而致土鸡中毒，应加注意。

2.动物性蛋白饲料

（1）鱼粉、骨肉粉　鱼粉蛋白质的含量高，氨基酸组成完善，尤以蛋氨酸、赖氨酸丰富，含有大量的B族维生素和钙、磷等矿物质，对雏鸡生长和产蛋、配种有良好的效果，因而成为养鸡业中最理想的动物性饲料。但是鱼粉价格较高，其用量占3%～7%。鱼粉应注意贮藏在通风和干燥的地方，否则容易生虫或腐败而引起鸡中毒。由于喂食鱼粉常常导致沙门菌感染，近年来正开发出无鱼粉饲粮，饲粮成本也随之下降，普遍受到欢迎。喂无鱼粉饲粮主要以大豆饼等优质植物性蛋白质饲料为主，添加蛋氨酸（有时添加赖氨酸）、酵母等使饲粮的氨基酸平衡，补充未知因子，并补加维生素（特别是维生素B_2）及矿物质（钙、磷、硒等）。骨肉粉较鱼粉的品质稍差，幼雏用量不超过5%，成鸡可占5%～10%，骨肉粉容易变质腐败，喂食时应注意检查。

（2）羽毛粉、猪毛粉、血粉　水解的羽毛粉和猪毛粉含有近80%的蛋白质，过去认为其生物价值低，现在已经清楚主要缺点在于蛋氨酸、赖氨酸、色氨酸和组氨酸含量低，如注意解决饲粮中的氨基酸平衡问题，这也是一个蛋白质来源。血粉中蛋白质含量也很高，赖氨酸丰富，异亮氨酸缺乏，如与其他动物蛋白质饲料共用时可补充饲粮的蛋白质。

（3）其他动物性饲料　如河虾、蚌肉、蚕蛹、小鱼、鱼下脚、肉类加工副产品、牧场非因传染病死亡的家禽、废弃的动物内脏、胎盘等在小规模养鸡场均可有效加以利用。喂食这些饲料时要充分煮熟，并注意防止腐败。牛奶中蛋白质含量丰富，而且最容易消化，是育雏的最好饲料。综合性牧场有条件时，可在育雏头一周补喂，用量每只每天5克。

此外，有的土鸡养殖还应用蝇蛆、蚯蚓等活体饲料，鸡可提前10～15天出栏，经济效益高。

三、矿物质饲料

土鸡需要的矿物质包括常量元素如钙、钾、镁、钠、磷、氯、硫等；微量元素如铁、铜、钴、锰、碘、硒等。钙和磷是土鸡体内含量最多的元素，是骨骼的主要成分。这些矿物质用量虽少，却是土鸡生命活动不可或缺的物质。

贝壳、石灰石、蛋壳等均为钙的主要来源，雏鸡一般喂1%左右，成鸡

5%～7%。贝壳是最好的矿物质饲料，含钙多，并容易被鸡吸收。饲粮中的贝壳最好有一部分碎块的。石灰石含钙量很高，价格便宜，但要注意镁的含量不得过高。蛋壳经过清洗、煮沸和粉碎之后，也是较好的钙质饲料。

骨粉和磷酸钙为优良的磷、钙饲料。骨粉因调制方法不同，其品质差异很大，注意选择，防止腐败。一般以蒸制的骨粉质量较好。磷酸钙或其他磷酸盐类也可做磷的来源。磷矿石含氟量高，应做脱氟处理，据试验含氟量达684毫克/千克时孵化率低，雏鸡生长不良。含氟量不超过400毫克/千克时可做育雏饲料。也有的磷矿石含矾量很高均不应使用。骨粉和磷酸钙的用量占1%～1.5%。

钙和磷有着密切的联系，饲料中应注意满足量的供应之外，还应注意保持钙、磷的适当比例，通常情况下，雏鸡的钙、磷比例为2∶1，产蛋土鸡的钙、磷比例为4∶1或更高一些为宜。

盐为钠和氯的来源。雏鸡用量占精料量的0.25%～0.3%，成鸡0.3%～0.4%。喂咸鱼粉时可不另加食盐，并应计算含盐量，以免盐量过多而致饮水增加，粪便过稀，严重时造成中毒。食盐以碘化盐最好，可不另补碘。

沙砾虽不能消化利用，但能提高土鸡肌胃的研磨力，除散养的土鸡外，笼养及冬季舍饲的土鸡要补给沙砾。每100只鸡一个月应补喂250克沙砾。

四、维生素饲料

农家小规模养鸡，可有效地利用青饲料以补充鸡的维生素需要。青饲料和干草粉是主要的维生素来源。青饲料中胡萝卜素和某些B族维生素丰富，并含有一些微量元素，对于土鸡的生长、产蛋、繁殖以及维持鸡体健康均有良好作用。喂青饲料应注意它的质量，以幼嫩时期或绿叶部分含维生素较多。习惯用量占精料的20%～30%，最好有2～3种青饲料混合饲喂。

(1) 青菜　白菜、通心菜、牛皮菜、甘蓝、菠菜及其他各种青菜、菜叶、无毒的野菜等均为良好的维生素饲料。青嫩时期割的牧草、曲麻菜和树叶等维生素含量也很丰富。

(2) 胡萝卜　胡萝卜中主要含有胡萝卜素，容易贮藏，是适于土鸡秋冬时期饲喂的维生素饲料。胡萝卜宜切碎后饲喂，用量占精料的20%～30%。

(3) 干草类　各类干草中含有大量的维生素和矿物质，对土鸡的产蛋、种蛋的孵化品质均有良好的影响。苜蓿干草含有大量的维生素A、B族维生素、维生素E等，并含14%左右的蛋白质。树叶如槐叶等经实际饲喂证明效果很好。其他豆类干草与苜蓿干草的营养价值大致相同，干草粉用量可占饲粮的2%～7%。

（4）青贮料　青贮料可于秋季大量贮制，保存时间长，营养物质不宜损失，可做冬季的维生素饲料，如青贮的胡萝卜叶、甘蓝叶、苜蓿草、禾本科青草等。青贮饲料的适口性稍差，喂料可占精料的10%～15%。

五、饲料添加剂

有关鸡生长、产蛋和保健所需要，而一般饲料中易感缺乏的一些重要物质，以添加剂予以补充。添加剂种类很多，除维生素、微量元素外，尚有氨基酸添加剂，药物，抗生素添加剂，增进蛋黄和鸡皮颜色的着色剂，防止饲料成分氧化的抗氧化剂等。非营养性添加剂必须在屠宰前2～3周停止使用。

（1）维生素、微量元素添加剂　可分雏鸡、育成鸡、产蛋土鸡和种用鸡数种。当土鸡患病或处于逆境时，尽管饲粮配合完善，某些维生素也易缺乏，于是有专为处于逆境中使用的抗逆添加剂，于运输、转群、注射疫苗时使用。

（2）氨基酸添加剂　目前人工合成的氨基酸主要是蛋氨酸和赖氨酸。以玉米、大豆饼为主要的饲粮添加蛋氨酸，可以节省动物性饲料用量；大豆饼不足的饲粮添加DL-蛋氨酸和赖氨酸，可大大强化饲料的蛋白质营养价值。

（3）抗球虫剂　在雏鸡和肉用仔鸡饲粮中常常添加抗球虫剂。抗球虫剂在肉用仔鸡出场前1周必须停止用药。

添加剂用量甚微，必须用扩散剂预先混合才能放入配合饲料中去，否则混合不均，容易发生营养欠缺、药效不佳或发生中毒。

预先混合维生素添加剂时可用玉米作扩散剂，玉米不要磨得太粗或太细，过粗则微量成分混合不均，过细又易起尘或硬结。预先混合矿物质时可用石粉做扩散剂。维生素和矿物质不应混合在一起，否则某些维生素易受矿物质破坏。

添加剂中各种微量物质按1吨饲料用量，先用扩散剂配合成5千克一包后，再加到饲料中去。混拌时先加入一半分量的饲料，然后再放进添加剂，水平搅拌机至少要混拌7分钟，立式搅拌机至少要混拌15分钟，使充分混匀。

第三节　土鸡的饲养标准和饲粮配合

一、土鸡的饲养标准

为了合理地饲养土鸡，既要满足营养需要，充分发挥它们的生产能力，又不浪费饲料，必须对各种营养物质的需要规定一个大致的标准，以便实际饲养时有所遵循。

可参考土鸡的饲养标准，其规定饲粮中的能量、蛋白质、矿物质和维生素的需要量以每千克料的含量或%表示。关于能量的需要量，以代谢能表示，主要因为代谢能容易测定，受鸡的品种、年龄、营养水平和生产性能等影响较少，在不同条件下测定结果的重复率高。代谢能指饲料中的总能减去粪、尿和肠道气体损失的能量后余下的能量。

关于蛋白质的需要量，在理论上应采用可消化粗蛋白，但粪、尿混合在一起，测定较为烦琐，而且鸡常用饲料中粗蛋白的消化率多为80%左右，因此均用较易测定的粗蛋白表示，同时标出各种氨基酸的需要量，以便配合饲粮时取得氨基酸的平衡。蛋白质和氨基酸的需要量是按最大生长率和产蛋量的最低需要量制定的。

关于矿物质和维生素的需要，是按最低需要量制定的，实际配合饲粮时均因加上安全量，因每种产品的实际成分量不同，加工贮存过程中可能有些损失，喂较高数量比较安全。

中国的家禽饲养标准是在原农牧渔业部的领导下，由鸡的营养需要和营养标准研究协作组研究的，已提出中国家禽饲养标准和饲养成分表（表5-1），并于1985年12月正式颁布。

表5-1 土鸡的饲养标准（中华人民共和国农牧渔业部1985年12月公布）

项目	生长期蛋用鸡			产蛋期蛋用鸡、种母鸡产蛋度/%		
	0～6周	7～14周	15～20周	大于80	65～80	小于65
代谢能/(兆焦/千克)	11.92	11.72	11.30	11.50	11.50	11.50
粗蛋白质/%	18.00	16.00	12.00	16.5	15.00	14.00
蛋白能量比/(克/兆焦)	15.00	14.00	11.00	14.00	13.00	12.00
钙/%	0.80	0.70	0.60	3.50	3.40	3.20
有效磷/%	0.4	0.35	0.3	0.33	0.32	0.30
食盐/%	0.37	0.37	0.37	0.37	0.37	0.37

二、饲粮的配合方法

合理地配制饲粮是满足土鸡各种营养物质需要、保证正常饲养的关键。只有饲喂营养完善的饲粮才能保持土鸡的健康和高产。

1. 配合饲粮时应考虑的饲料种类和营养成分

根据饲养标准规定，配合饲粮时必须考虑能量、蛋白质、维生素和矿物质。谷物是能量的主要来源，配合饲粮时必须有一定量的谷物。糠麸类能量也较多，并且含有丰富的B族维生素，价格也便宜，虽然纤维素含量多，在配合饲粮时也要占一定的比例。一般来讲，谷物和糠麸类的蛋白质含量比较少，蛋白质的营养价值不够完善，特别是缺少蛋氨酸和赖氨酸，维生素和钙、磷等矿物质也不足，因此还要添加植物性和动物性的蛋白质饲料、维生素添加剂、青饲料、贝壳骨粉、食盐以及易缺乏的其他微量元素，使配合的饲粮含有各种营养物质，满足鸡的生长、产蛋、繁殖和维持健康的需要。

2. 配合饲粮时应注意的问题

① 饲料的种类尽可能多一些，保证营养物质完善以及各种营养成分互补，提高饲料的消化率。

② 注意饲料的适口性和品质，如果饲料品质不良或适口性差，即使在计算上符合标准，也不能满足土鸡营养的实际需要。特别是雏鸡绝不能喂皮壳过硬或变质发霉的饲料。

③ 根据当地条件选择价格便宜的饲料，做到既能满足营养需要，又能降低饲粮的成本。

④ 注意饲料的纤维素含量，幼雏和成鸡高产时期减少糠麸等粗饲料。

⑤ 饲粮的配合应有相对的稳定性，如因需要而变动时，必须注意慢慢改变，饲粮配合的突变会造成消化不良，影响鸡的生长和产蛋。

⑥ 各种饲料在混合时一定要搅拌均匀，以防止营养不均。

3. 饲料日粮的调配方法

饲料日粮调配时的计算方法主要有试差法、对角线法和代数法，计算时比较复杂，这里不做叙述。

第四节 土鸡生态养殖的饲喂方法

1. 饲料形状

饲料按形状可分为粉料、粒料、颗粒料和碎料。

粉料是将饲粮中的全部饲料调成粉状，然后加上维生素、微量元素添加剂混合搅拌均匀而成。这种混合粉料的优点是鸡不能挑料，可以吃到完全的配合饲料，而且粉料吃得慢，所有的鸡都能均匀地吃食。还有一个好处是不容易腐败变质，一次可以添几天用的饲料，进行不断饲喂，节省劳力。粉料适于各种种类和不同年龄的鸡，但应注意粉料不应磨得过细，否则适口性差，采食量少，易飞散损失。

粒料主要是碎玉米、草籽、土粮、发芽麦类等。鸡最喜欢吃粒料，采食容易，消化时间长，适于傍晚尤其是冬季傍晚饲喂。粒料营养不完善，多与粉料配合使用或限制饲养时于停料日饲喂。

颗粒料是将饲粮各种原料粉碎，混合后再通过颗粒机压成颗粒。现代的颗粒机一般均可自动计量、自动配料、粉碎，最后挤压成颗粒。颗粒料适口性好、采食量多，鸡不能挑剔，可全吃完，防止浪费，适于饲喂肉用仔鸡。产蛋土鸡不宜喂颗粒料，否则往往采食过多而致体肥，即使限量饲喂，由于采食时间短，也容易发生啄癖。

碎料是将饲粮先加工成颗粒然后再打成碎料，它具备颗粒料的一切优点，而且采食时间长，适于各种年龄家禽采用。但碎料加工成本较高，并仍需注意过肥或发生啄癖，饲喂时应适当限制料量。

2.饲喂方法

干喂与湿喂：饲料可干喂也可湿喂，干喂便于机械化送料，工厂化养鸡全部采用干喂方法，由于干喂节省劳力，一般养鸡场也喜欢采用。

湿料是将磨碎的谷物、豆饼与糠麸、鱼粉、矿物质、切碎的青菜混在一起，用水煮或鱼汤拌湿而成。湿料适口性好，但容易变质，必须现拌现喂保持新鲜，防止腐败或冻结。调配时注意干湿合适，夏季湿一些，冬季干一些。

饲喂土鸡时，可将饲粮中的一部分谷物取出作粒料，在傍晚最后一次喂，其余拌成湿料，这就是粒料湿料混合饲喂。这种饲喂方法的好处是，青菜、瓜薯类、新鲜动物性饲料都可以拌在湿料里，杂质多的土粮等可以作粒料喂，能有效地利用农副产品。但喂粒料时，要注意比例合适，因为鸡喜欢吃粒料，喂多了就会改变原来配合的饲料比例，鸡就不能吃到营养平衡的饲粮。湿料和粒料混合饲喂可有效利用自家的农副产品。

分次饲喂与自由采食：喂湿料时多采取分次定量饲喂方法。土鸡产蛋时一天喂 3 次，早、晚各喂湿料一次，中午喂一次粒料。喂料时间要固定，不要随便改变喂料次数和喂料时间，必须改变时应逐渐改变，以免突然改变发生应激而致消化不良或精神不安，影响鸡的生长和产蛋。

喂干料时多取自由采食方法，每天上午、下午各给料一次，任鸡自由采食，但要定量，以防过食，浪费饲料。此外要加料均匀，关灯前 5 小时最后一次喂料，关灯前 1 小时吃完料，同时保证全天自由饮水。

3. 饲料需要量

产蛋土鸡每只每天喂 75～100 克配合饲料，对产蛋多或食欲强的鸡要多给些，产蛋少或食欲差的鸡少给些。每天的饲料必须够吃和全部吃净。如果饲料不足，就会影响鸡的生产和健康；饲料过剩，不仅浪费饲料，也会使鸡多吃而变肥，生产力降低。

4. 防止饲料浪费

饲料占养鸡成本的 70%以上，鸡饲料中又含有不少谷物，为节省粮食、降低成本，必须防止饲料的浪费。这一点在实际工作中往往被人们所忽视。

为防止饲料浪费，应注意以下几个方面。

① 饲粮的配合要合理：饲粮的营养成分应按标准要求，既不缺少也不给多余的分量。例如，饲粮的蛋白质含量高而能量低，则蛋白质作为能源消耗而造成浪费，能量低的饲粮蛋白质也低一些，能量高的饲粮蛋白质也必须相应提高，归根结底以按标准规定的比例为合适。

② 料槽构造和高度要合适：槽底最好是平的，底板与侧板要成直角，三角形槽鸡吃食很容易将料弄到外边去。槽上拉金属丝或装有可以转动的木梁，防止鸡踏进料槽而造成饲料污脏或将饲料扒到外面去。料槽高度要和鸡背的高度一致，使鸡既可吃到饲料，又不因挑食而将饲料弄到外边。

③ 饲料形状和添料方法要合理：粉料不应过细，以鸡不能挑食为原则，呈粉碎状即可，否则适口性差并且容易飞散。每次添料时不能超过料槽容量的 1/3，添料过满容易因挑食而浪费饲料。

④ 饲料的保管应多加注意：饲料库和鸡舍不能有甲虫类和鼠类，否则会被吃掉大量的饲料。饲料应避光保存，日光直射可使饲料中的脂肪氧化，而过氧化物又能破坏维生素 A 和维生素 E，另外维生素 B_2 也往往被日光破坏。

⑤ 断喙：如鸡喙部过长，在采食时很容易将料啄出槽外，所以在幼鸡时期进行断喙也是防止饲料浪费的一种办法。

第六章 土鸡生态养殖的饲养管理

第一节 土鸡育雏期的饲养管理

一、幼雏的特点

（1）幼雏体温调节功能不完善，御寒能力较弱　刚孵出的幼雏体温比成鸡约低2.7℃，10日龄时达到41℃，20日龄左右才接近成鸡体温，雏鸡体温调节功能也差，随着日龄增长才渐趋完善，幼雏绒毛稀短，皮薄，早期自身难以御寒。因此，在育雏期间，特别是早期，要供热，同时，注意保持育雏室或育雏器的温度平稳，切忌波动过大。

（2）幼雏抵抗力弱　雏鸡在孵出的前几周免疫功能较差，产生的抗体较少，母源抗体也逐渐衰减，比较容易患病。因此，要尽量防止幼雏受到各种病原微生物的侵袭。

（3）雏鸡生长快、代谢旺盛而肠胃容积小，消化能力弱　雏鸡在生长期间体重增长快，新陈代谢强，气体交换量相对较大，但肠胃细窄，消化腺体也不发达，因此，对于幼雏要喂给易于消化且蛋白质、能量等较高的饲粮，以满足其快速生长的需要。

二、幼雏的培育

1.接鸡前的准备工作

（1）育雏室内　接鸡前20天对鸡舍、笼具彻底清洗、消毒，最好在接鸡前7天按每立方米用福尔马林18毫升加高锰酸钾9克熏蒸，密闭一天后打开门窗通风换气，保证没有异味，同时鸡舍内的壁缝、裂口、通口等都要进行封闭，门、窗要有纱帘，防止蝇虫进入。

（2）育雏室门口　要设置消毒池，工作人员进入鸡舍时要换上工作服并消毒。

（3）育雏室外　清除鸡舍外的所有垃圾、废物，铲除杂草，并消毒。

（4）育雏室温度　雏鸡入舍前2天进行升温，并保证入舍前一天育雏舍温度达到并稳定在35～37℃。

（5）育雏室照明　按4瓦/米^{2}安装照明灯，离地面高度2米即可。

2.育雏条件

（1）及时补水　接雏后要及时补水，并在水中加入5%葡萄糖和电解多维，以利于雏鸡卵黄的吸收，以提高鸡雏的成活率（对特别弱的雏鸡用注射器灌入5%葡萄糖水1～2毫升/次，隔10分钟后再次补水）。1周龄后可饮用自来水，要保证水的清洁，且不能断水。每天将饮水器用高锰酸钾溶液消毒一次。

（2）给料　雏鸡入室后4小时即可给料，开食料可用小米、碎玉米或专用的雏鸡颗粒饲料，并放置足量的料槽，防止雏鸡采食拥挤。饲喂次数，一般1～45日龄每天饲喂5～6次；46日龄以后饲喂4～5次。每次不宜饲喂得太饱，要少添勤喂，以饲喂八成饱为宜。

（3）温度　在育雏期温度是最重要的因素。4日龄之内温度的波动不能超过2℃，育雏舍内温度波动范围见表6-1。30日龄以后雏鸡的体温调节功能基本完善，即可脱温（此时雏鸡能适应较大范围的温度波动）。同时要注意观察鸡群的情况。雏鸡分布均匀，运动自如，说明温度适中；雏鸡相互扎堆，紧靠热源，说明温度偏低；雏鸡张翅喘气，远离热源，说明温度偏高。育雏期温度是保证雏鸡成活率的重要条件，并且要保证舍内温度均匀。

表6-1　育雏舍内温度范围

育雏时期	1～2天	3～7天	2周	3周	4周
温度/℃	33～35	30～32	28～29	26～27	24～25

（4）湿度　在育雏期内温度过高，湿度过低，小鸡吃料和饮水都会相对减少，影响生长发育。适宜湿度1～10日龄为60%～70%，10日龄后60%左右即可。3周后可降低湿度，湿度保持在50%左右。提高湿度的处理办法：①可以在地面和墙面喷洒清水提高育雏舍内的湿度；②可以在炉子上烧水产生蒸汽提高育雏舍内的湿度；③也可以在育雏笼、架上放置湿帘等。

（5）通风换气　在育雏期内大多数人只注意保温而忽视通风，如果舍内的空气质量过差，有害气体浓度过高，小鸡的采食、饮水都会受到很大的影响。育雏舍内空气质量标准：一氧化碳浓度20毫克/升以下；氨气的浓度在20毫克/升以下；硫化氢浓度在25毫克/升以下；二氧化碳含量在15%以下。一般判定标准，可根据人进入育雏舍后，无不舒服感觉为适。

（6）光照　刚出壳的雏鸡头3天，幼雏视力弱，为便于采食和饮水，一般采用24小时光照，但也有使用每昼夜23小时光照、1小时黑暗，以便使雏鸡能适应黑暗的环境，避免万一停电时引起惊慌。3天以后每天光照时数不少于6～7小时但不超过11小时。光照强度以每20平方米1盏25瓦的白炽灯泡为宜。

（7）密度　饲养密度是指育雏室内每平方米地面或笼底面积所容纳的雏鸡数。密度与育雏室内空气的卫生状况以及鸡群中恶癖的产生有着直接的关系。鸡群密度过大，育雏室内空气污浊，二氧化碳含量增加，氨味浓，湿度大，卫生环境差，易感染疾病；雏鸡吃食拥挤，抢水抢食，饥饱不均，生长发育减慢，鸡群发育不整齐。而且，如果育雏舍内温度又较高的话，更容易引起雏鸡的互啄癖。鸡群密度过小，房舍及设备的利用率降低，人力增加，育雏成本提高，经济效益下降。育雏至6周，在垫料上每平方米可养殖12～14只雏鸡，在平网上每平方米可养殖21～24只雏鸡。

3.常见的育雏方式

（1）网上育雏　即利用网面代替地面，网的材料可以是铁丝网，也可以是塑料网，还可以用木条或毛竹片制作（见图6-1，彩图）。一般网面距地面高度为50～60厘米。优点：①增加鸡群的生活空间，通风较好；②温度均匀；③光照均匀；④粪便直接由网眼漏下，雏鸡不与粪便直接接触，减少了感染病原的机会，有利于防病。缺点：①容易惊群；②容易发生挤压；③饲料营养成分要求全面，否则容易产生一些营养缺乏症。可通过要求工作人员在鸡舍的动作要轻、保持舍内适宜密度、把小弱鸡拣出单独饲养等方法来克服不利因素对雏鸡的影响。

图6-1　网上育雏

（2）立体网上育雏　即将雏鸡饲养在分层的育雏笼内。育雏笼一般分3～5层，采用层叠式。优点：①节约空间；②便于观察；③均匀度容易控制；④粪便易处理，雏鸡不与粪便直接接触，减少了感染病原的机会，减少了疾病的发生。缺点：①通风较差；②各部位温度不均匀；③光照不均匀。处理方法：在每1～

2个育雏笼之间安装一个白炽灯泡，以补充光照和温度，使温差和光照不会出现过大差别。

（3）地面垫料育雏　即将雏鸡饲养在垫有刨花锯末、秸秆等垫料的地面上（见图6-2，彩图）。此法缺点是养殖密度低，直接与粪便接触，不利于防疫灭病，易惊群，均匀度不好控制。优点是雏鸡接触地面早，便于适应以后散养。

图6-2　地面育雏

4.加热方式

雏鸡养殖需要环境温度较高，所以育雏室必须加温，常见的加温方法有煤炉加热、暖气加热、烟道加热、保温伞加热、红外线灯加热、远红外板加热及电热板或电热毯加热等方法。

（1）煤炉加热　采用燃煤铁炉与炉筒连接将煤烟排出室外的加热方法，安装炉筒时要由炉子到室外逐步向上倾斜，漏烟的地方用稀泥封住，以便于煤烟排出。炉子的个数可根据养殖面积和外界温度而定，一般10～20米^{2}安装一个炉子即可，冬季多些，夏季少些。通过点燃炉子多少、添加煤炭和封火来控制温度。煤炉加热有经济实惠、保温性能稳定的特点，但存在着室内温度不匀和煤烟倒流等缺点，因此要注意防止倒烟，特别是要防止煤气中毒现象的发生。

（2）暖气加热　此种方法将加热锅炉安置于育雏室外，散热片放在育雏室内，通过热水循环，使育雏室升温。散热片可以是金属暖气片，将其置于室内靠墙的地方，也可在育雏室地面下埋入循环管道，管道上铺散热材料。此法可使热量散发均匀，使所有的雏鸡都有舒适的生活环境，还可防止煤气中毒现象的发生。但是升温较慢。

（3）烟道加热　此法是在育雏室外建一土灶，育雏室内砌土炕或砌火墙，土炕或火墙的末端建烟囱，通过在土灶燃烧煤炭、柴草，加热土坑或火墙使育雏室升温，该方法缺点是设施简陋，温度不易控制。

（4）保温伞加热　在市场上购得保温伞，使用时可按雏鸡不同日龄对温度需要来调整调节器的旋钮。其优点是可以人工控制和调节温度，升温较快而平衡，室内清洁、管理较为方便，节省劳力，育雏效果好。其缺点是连续工作会缩短保温伞的使用寿命，如遇停电，在没有一定室温的情况下，温度会急剧下降，影响育雏效果。

（5）红外线灯加热　指用红外线灯发热育雏。其优点是温度均匀，室内清洁。但是一般只作辅助加温，不能单独使用，否则灯泡易损，耗电量也大，热效果不如保温伞好，而且停电时温度下降快。

（6）远红外板加热　采用远红外板散发的热量来育雏。根据育雏室面积的大小和育雏温度的需要选择不同规格的远红外板，安装自动控温装置进行保温育雏，使用时，一般悬挂在离地面1米左右的高度。也可直立在地面上，但四周需用格网隔开，避免直接接触而烫伤。每块1000瓦的远红外板的保暖空间可达10.9米^3，其加热效果和用电成本优于红外线灯，并且具有其他电热育雏设备共同的优点。

（7）电热板或电热毯加热　电热板或电热毯育雏原理是利用电热加温，雏鸡直接在电热板或电热毯上获得热量，电热板或电热毯配有电子控温系统以调节温度。

以上各种加温措施各有利弊，使用时可依据各自的实际情况，采取一种或多种加热方式相结合的方法，以便达到良好的育雏效果。

三、雏鸡的管理

1. 日常观察

观察鸡群也是育雏期间的一个重要工作，通过观察鸡群能发现和解决许多问题。

（1）精神状态观察　健康的鸡群表现为鸡群活泼，反应灵敏，叫声清脆。如果部分鸡表现精神沉郁，闭目呆立，羽毛蓬松，翅膀下垂，呼吸有声，表示鸡群正在发病预兆或处于发病初期，大部分鸡出现精神委顿，说明严重疫情出现，应尽快采取措施进行处理。

（2）羽毛状况观察　鸡周身掉毛，但鸡舍未发现羽毛，说明被其他鸡吃掉了，这是鸡体内缺乏硫氨酸或硫酸亚铁等所致，应补饲石膏或氨基酸等营养物质。

（3）食欲状况观察　食欲旺盛说明鸡生理状况正常，健康无病，减食是因饲料突然变换、饲养员更换、鸡群应激过大、疾病等所致。绝食说明鸡群处于重病期间。挑食说明饲料营养搭配不当、适口性差。饮水突然增加说明饲料中盐分过多或发生疾病等。

（4）肛门周围污物的观察　如果雏鸡肛门周围被黑棕色粪便污染，则是鸡群饮水过少的原因造成的；如果是黄色、白色、绿色粪便并伴有其他异常表现，则说明鸡患有消化道疾病。

（5）粪便的观察　正常的粪便是灰色干燥的粪便，通常灰色粪便上覆盖一层白色粪，其含量的多少可以衡量饲料中蛋白质含量的高低及吸收水平。褐色的稠粪也属于正常的粪便，臭气是因为鸡粪在盲肠中停留时间过长的原因所致，如果是红色、粉红色粪便则说明是因为肠道出血，可能患有沙门菌病或球虫病。如果出现稀薄如水、黏液状、糊状粪便，说明雏鸡发生肠道疾病，应及时诊治处理。

2. 断喙（剪嘴）

土鸡在生态养殖过程中一般不进行断喙。如果确需断喙的，断喙的最佳时机在7～12日龄，6周后拣出断喙不合格的重新修整一次。断喙最好由专业人员处理，并由鸡场负责人亲自监督进行。断喙有以下优点：①可以有效地早期防止雏鸡发生啄食癖；②防止拣食饲料与钩甩饲料，减少饲料的浪费；③使雏鸡便于采食，生长发育整齐。断喙前后3天不要进行任何免疫，非健康鸡群不可进行断喙。

断喙的操作很简单，将雏鸡喙放在断喙器的两刀片间，雏鸡头稍向下倾，将上喙断去二分之一，下喙断去三分之一，切后使鸡喙在刀片处停约2.5秒，以止血和防止感染。

断喙时应注意：①断喙前对断喙器进行清洗与消毒；②刀片应加热到暗樱桃红色，达800℃左右；③切的长度要适宜，不可过长或过短；④灼喙的时间要适当，不可过长或过短；⑤在断喙前不要喂磺胺类药物，因这类药物会延长流血时间，宜在饮水、饲料中加喂维生素K，每千克水中加2毫克；⑥不在气温高时断喙；⑦断喙后喂料要多添一些，至少有半槽的深度，以便啄食；⑧断喙时要轻压雏鸡咽部，使其缩舌。

3. 实行全进全出的饲养制度

即在同一鸡舍内同一时间里仅饲养同一日龄的鸡，又在同一天出栏。这种饲养方法简单易行，方便管理，易于控制温度，便于作业。出栏后，可对鸡舍彻底清扫消毒，有效地防止各种疫病的传播。

4. 适时接种疫苗

免疫接种是预防传染病的一项极为重要的措施，特别是对于一些无药可治的传染病更为重要。育雏期间，雏鸡需要接种的疫苗很多，目前各地采用的免疫程序也不尽相同，免疫程序要根据当地的疫情来制定，不能盲目使用疫苗。疫苗可分为弱毒苗和灭活苗两种，疫苗是一种特殊的微生物制品，一般投放方式有注射、点眼、饮水、喷雾等，视疫苗种类不同而选择。使用疫苗的时候要注意以下几点。

① 在运输和保存疫苗时，要注意疫苗的环境温度。疫苗的保存温度对疫苗的活力和有效时间影响很大，疫苗常因保存温度不当而提前失效，因此要严控疫苗的保存温度。

② 避免使用失效疫苗，防止疫苗本身受到污染。使用失效和受污染的疫苗会造成重大损失。

③ 要使用正规厂家生产的疫苗。

④ 使用灭活苗时，必须注意注射方式，要使用对应的注射方式，减少免疫失败的发生。

5.公母分群

公母雏鸡其生理基础有所不同，因而对生活环境、营养条件的要求和反应也不同，及早对雏鸡进行公母分群，可使同一群体中个体间的差异减小，提高雏鸡生长的均匀度和生产效率。自别雌雄的品种和掌握初生雏鸡雌雄鉴别技术的场家，可在进场后就进行公母分群饲养，而其他场也要在雏鸡生长至能够分出公母时，及早公母分群。

6.有目的地建立条件反射

土鸡同家鸡一样有群聚性，在散养时往往聚集在鸡舍的周围，不向远处采食。而大规模养殖土鸡，建场一般在面积较大的山坡、林地，不能充分利用野外场地。为此有目的地建立条件反射，将鸡群引到目的地，是非常必要的。

（1）方式　可采取敲饲盆、吹哨子、放固定的音乐等方式，在饲喂时逐步地进行训练，以建立条件反射。

（2）时间　建立土鸡的条件反射越早越好，根据采取的方式而决定开始训练的时间。

（3）方法　可分步进行训练，首先是让鸡只适应采取的方式，如采取吹哨子的方法，应在雏鸡进场还未下车时，就在场里吹哨子，在雏鸡进入育雏室后，在育雏室内吹哨子，让雏鸡适应吹哨子的声音，以后在养殖过程中在给料前吹哨子再饲喂，慢慢地建立条件反射。如采取敲打饲盆的方式，刚进场时可不用敲打饲盆，在每次给料时敲打饲盆开始训练，鸡只适应并建立起条件反射后，应持续不断地进行强化训练。当鸡只放到室外养殖时，每次给料前可变换饲槽放置位置，并不断地向鸡舍远处放置饲槽，进行条件反射训练，以便将鸡只引到更远处进行放养。

第二节　土鸡育成期的饲养管理

育成鸡也称中雏，一般指 7 周龄以上到开产前的发育中的鸡。育成鸡羽毛已经丰满，具有健全的体温调节和对环境的适应能力，食欲旺盛，生长迅速。土鸡育成期的饲养管理不当，会造成鸡只过肥或过瘦，开产过早或延迟，致使鸡群难以持续高产。

1. 土鸡育成期的生理特点

① 体温调节及神经系统的调节功能日趋完善，对外界的适应力和抗逆性增强，可以脱离人工给温。

② 消化系统功能完善，采食量增加，对蛋白质需求量相对育雏期下降。

③ 肌肉、骨骼和生长处于旺盛时期。因此要防止过大过肥，以免影响土鸡的产蛋力，同样饲养管理不当时，也可出现发育不良，影响土鸡的性成熟。

④ 生殖系统发育迅速，到 22 周龄即可开产。

2. 育成鸡的营养水平

育成鸡消化功能逐渐健全，采食量与日俱增，骨骼、肌肉都处于旺盛发育时期。此时的营养水平应与雏鸡有较大区别，尤其是蛋白质水平要逐渐减少，能量也要降低，否则会大量积聚脂肪，引起过肥，影响成年后的产蛋量。另外，饲喂日粮中必须按照饲养标准给足多种维生素和微量元素，以满足育成鸡的生理需要，否则极易引起营养缺乏症，出现啄羽、啄肛等异食癖。

3. 控制性成熟

控制性成熟，可提高产蛋量，减少不合格种蛋数目，并增加平均蛋重。控制手段包括两个方面。

（1）限制饲养　一是限制营养水平，就是降低日粮中粗蛋白质和代谢能的含量，减少日粮中蛋白质和能量含量高的饲料如鱼粉、饼类、玉米、高粱等的比例，增加养分含量低、体积大的饲料，如麸皮、叶粉等。限制水平一般为 7～14 周龄日粮中粗蛋白质为 15%，代谢能 11.49 兆焦/千克；15～20 周龄蛋白质为 13%，代谢能 11.28 兆焦/千克。二是限制进食量。可把全天的饲料量在早晨一次喂给，吃完为止；也可将 1 周的饲料总用量分 6 天喂给，停喂 1 天。同时要求有足够的料槽，使每只鸡能同时吃到饲料，以免影响鸡群生长发育的整齐性。育成前期向育成后期过渡需要换料时，应遵循的原则是根据体重达标情况一致性及发育情况而定，而不应机械地根据日龄去换料，而且换料应循序渐进、逐渐过渡，以减少换料应激对鸡体发育的影响。对于土鸡体重偏小或超重时应采取措施，无论土鸡体重偏大或偏小，都应选出单独饲养。对于体重偏小的土鸡，应增加饲喂次数或增加饲料营养水平，以促进土鸡的快速生长和发育；对于体重过肥的土鸡，则降低饲料营养水平或减少饲喂次数，以限制其生长发育和过肥。

（2）限制光照　在整个育成鸡的饲养阶段，不宜增加光照时间和光照强度。过长的光照会使各器官系统在未发育成熟的情况下，生殖器官过早地发育，从而性成熟过早。由于身体未发育成熟，特别是骨骼和肌肉系统未得到充分发育就过早开始产蛋，体内积累的无机盐和蛋白质不充分，饲料中的钙、磷和蛋白质水平又跟不上产蛋的需要，于是，母鸡出现早产早衰，甚至有部分母鸡在产蛋期间就出现过早停产、换羽的现象。为防止育成鸡过早性成熟，密闭式的鸡舍育成期间一般采用每天8～9小时的光照。

在开放式鸡舍饲养育成鸡可利用自然光照。不同季节的自然日照时数不同，无法进行控制。春季育雏正好处于日照增加的时期，与育成鸡所需的光照时间正好相反，秋季育雏处于日照缩短的时期，与育成鸡所需的光照制度基本相符。即使如此，光照的时间仍然超过10～11小时。因此，在光照不能控制的条件下，只能通过限制给料量或降低日粮中的蛋白质水平以控制育成鸡的发育，从而延迟鸡的开产日龄。

4.加强管理

（1）保持适当密度　如果密度不合理，即使其他饲养管理工作都好，也难以培育出理想的鸡群。育成期的合适密度见表6-2。

表6-2　育成期的合适密度

项目	6～10周	10～18周
笼养饲养密度/(只/米)	35	28
平养/(只/米)	10～12	9～10

（2）减少应激反应　日常管理工作要严格按照操作规程进行，尽量避免外界不良因素的干扰。抓鸡时动作不可粗暴；接种疫苗时要慎重；不要穿着特殊衣服突然出现在鸡舍，以防炸群，影响鸡群正常生长发育。

5.育成鸡的培育目标

① 体重的增长符合标准，具有强健的体质，能适时开产。

② 骨骼发育良好，骨骼的发育应该和体重增长保持一致。

③ 鸡群体重均匀，要求有80%以上的鸡体重在平均体重的0.9～1.1倍之间。

④ 产前做好各种免疫，使土鸡具有较强的抗病能力，保证鸡群能安全度过产蛋期。

6. 育成鸡的日常管理

① 对鸡群做好日常观察，发现鸡群在精神、采食、饮水、粪便等有异常时，要及时请有关人员处理。

② 经常淘汰残次鸡、病鸡。

③ 经常检查设备运行情况，保持照明设备的清洁。

④ 每周或隔周抽样称量鸡只体重，由此分析饲养管理方法是否得当，并及时改进。

⑤ 制定合理的免疫计划和程序，进行防疫、消毒、投药工作。

⑥ 补喂沙粒：为了提高鸡只的消化功能及饲料利用率，半放牧的鸡可在运动场上撒沙子补喂。

第三节　土鸡产蛋期的饲养管理

1. 土鸡产蛋期的生理特点

① 土鸡虽已开产，但在产蛋初期，身体和羽毛还在生长，为达到体成熟，还需一定量的营养物质供给，随着产蛋率和蛋重的增加，产蛋所需要的营养物质也逐渐增加。为此，产蛋期日粮中的蛋白质、代谢能水平均比育成期高。

② 鸡的性成熟是新的生活阶段的开始，初产鸡亢奋，高度神经质，需要一个安静的环境。

③ 蛋壳是钙、磷的化合物，此期日粮中要有足够的钙，且钙、磷比例适宜。

④ 光照时间的长短、强度的大小直接影响鸡的产蛋率。

⑤ 对外界的变化敏感，如饲料突变、发生疾病等应激因素都可影响产蛋率。

2. 土鸡产蛋期的营养特点

土鸡开产后，体重、羽毛和骨骼还继续生长。随着产蛋率的上升，采食量逐步增大，对钙和蛋白质的需要量也不断加大。由于其产蛋率和蛋重均比现代商品鸡低，因此，对日粮中蛋白质的含量要求不严格。土鸡饲料中的维生素主要依靠添加补充。为了减少非营养添加剂的应用，可采用中草药添加剂预防鸡病。土鸡在放牧条件下主要补充维生素A、维生素D、维生素E、维生素K等。休产期的土鸡饲料中添加一定量的米糠、草粉等粗饲料，适量补充蛋氨酸，使其安全度过休产期，确保第二年正常产蛋。

3. 环境因素对产蛋期土鸡的影响

鸡的健康与生产性能无时无刻不受外界环境影响，特别是笼养土鸡。因此养鸡工作者必须了解各种环境因素不适时对鸡会造成什么影响，其适宜程度是在什么范围，如何在充分利用房舍、尽量节省物质与能源消耗的条件下，为鸡创造较为理想的环境，使其健康得以维护、经济性状的遗传力得以充分发挥。在鸡所处的鸡舍小气候中，产生影响的主要环境因素有温度、相对湿度、空气成分、气流速度、噪声等。

（1）温度　温度对鸡的生长、产蛋、蛋重、蛋壳品质及饲料转化率的影响最明显。鸡的个体较小，单位体重表面积较大，温度过高、过低及温度的突然升降对鸡都有较大的影响。成年鸡适宜的温度范围为5～28℃，产蛋适温为13～20℃，其中13～16℃时产蛋率最高，15.5～20℃时鸡产蛋的饲料报酬最高。经常处于22℃以上时易引起蛋重降低，蛋壳变薄。经常高于29℃时，则产蛋量下降。相对来说，鸡比较耐寒，当鸡舍温度在－9℃以上时，土鸡虽然难以维持产蛋高峰，但仍然继续产蛋，降到－12℃时产蛋停止。

（2）相对湿度　对鸡适宜的相对湿度为60％～70％，如温度适宜，相对湿度低至40％或高至72％对鸡均无显著影响，鸡通过呼吸与排泄不断地排出水分，通常鸡舍内很少有过于干燥的情况。高温高湿的环境有利于微生物的滋生繁殖，导致疾病的发生。对密闭式鸡舍来说，如舍内湿度偏高，只要舍内能够保持较为合适的温度，可以加大通风量来排湿。

（3）空气成分　鸡舍内空气成分因通风状况、鸡的数量及密度、舍温及微生物数量与作用而起变化，特别是通风不良时，鸡舍内有害气体浓度就会升高。通常空气中存在的有害成分有氨、二氧化碳、硫化氢及空气中的灰尘与微生物等。

① 氨：鸡舍中氨的主要来源是厌氧菌分解粪便、饲料及垫料中含氮有机物而产生。氨较空气轻，无色有刺激味，当空气中氨的浓度达到5毫克/升时就可嗅到气味，当空气中氨的浓度达到15毫克/升时人即可感到不适，鸡对氨相当敏感，允许浓度不超过20毫克/升。鸡舍内氨的浓度偏高会刺激鸡的某些感觉器官，削弱其抵抗力，导致发生呼吸道疾病，降低饲料效率，延迟性成熟，产蛋量下降。据试验，当氨浓度达到20毫克/升且持续6周以上，鸡肺部即充血、水肿，新城疫感染率增高。土鸡在氨50～80毫克/升的环境中2个月，产蛋可减

少9%。

② 二氧化碳：舍内二氧化碳主要由鸡呼出，一部分由好气菌分解粪便等有机物而产生。二氧化碳较空气重，无色、无味，允许浓度为0.15%。当浓度达到7%～8%时，会引起鸡的窒息。鸡舍只要注意通风，二氧化碳一般不会超过允许浓度，更不致危害。

③ 硫化氢：鸡舍内硫化氢主要来自厌氧菌分解破蛋、饲料与粪便中含硫有机物所产生。硫化氢比空气重，无色，有腐败的臭鸡蛋味。允许的浓度为10毫克/升，但为了工作人员的健康，鸡舍内硫化氢的浓度应在6.6毫克/升以内。硫化氢在一定范围内增加浓度，气味强度无变化，硫化氢的毒性大时能引起中毒，但鸡舍只要经常通风，一般不会出现浓度偏高。

④ 空气中的灰尘与微生物：鸡舍中的灰尘有饲料、垫料、土壤、羽毛和皮肤的碎屑等，直径在0.1～10微米。空气中灰尘含量因通风状况、舍内湿度、地面条件、饲料形式等而变化。灰尘浓度大，特别是粒度细小的灰尘对人、鸡都有不良作用，会导致呼吸道感染。鸡舍空气中微生物含量与灰尘含量密切相关，许多细菌由灰尘所载。空气中微生物主要为大肠杆菌、小球菌及一些霉菌等。在某些情况下，也有新城疫病毒与马立克病毒等。舍内空气中微生物浓度与灰尘浓度相关，另外还受舍内温湿度和紫外线照射等因素的影响。防止舍内过于干燥，同时适当的通风等方法均可减少鸡舍空气中的灰尘与微生物。

（4）气流速度　气流速度直接影响鸡体的散热。舍温高时，较大的气流促进对流与蒸发，对鸡体健康与生产有利。气温低时会造成鸡体失热过多，而使鸡采食量增加甚至影响生产力。舍内在任何季节都要有一定的气流速度，并均匀地流经全舍，没有死角也无贼风，这对大密度养鸡很重要。

（5）噪声　噪声可能来自鸡舍内外。场址选择不当，邻近铁道、机场及主要的交通公路是舍外噪声的主要来源，舍内噪声主要是机械安装不当或机械本身噪声大，以及一些人为因素造成。过强噪声的刺激会引起土鸡的飞腾、惊恐甚至“炸群”，使鸡发生应激性疾病甚至死亡。如果噪声对鸡群干扰不是很大，但噪声的频率和强度超过了一定的范围，长时间的刺激将会影响土鸡的产蛋率和蛋重。

4.土鸡舍环境的控制

环境控制的目的是：消除严寒、酷暑、急风、骤雨等一些不利的自然因素对鸡的侵袭，尽量减少各个季节气温、日照时间与强度的变化对鸡的影响，从而达到高产、稳产的目的。密闭式鸡舍是环境控制的先决条件，为了有效地控制环境，对密闭式鸡舍在建筑上的要求是顶盖与外壁必须具有良好的隔热性能，进出气口设置合理，整体结构严密而不漏光。

(1) 温度控制　除了雏鸡舍外，一般不供暖，靠鸡体散热和房舍隔热来保温，对温度的控制主要通过调节通风量来实现。鸡体不断向外界散发热量，在保温良好的鸡舍、高密度的饲养情况下，产热多，易聚温，可以使舍内保持较高的温度。冬季放牧的土鸡，可将场地扣上塑料大棚以提高温度。夏季要尽量控制舍温不要过高，但当外界气温达到32℃以上时，可将鸡只养在阴凉处，并给饮用清洁、温度低的地下水或山泉水。

(2) 有害气体的控制　降低氨气、二氧化碳及硫化氢等有害气体浓度的最有效办法是通过加大通风量，对鸡舍内进行换气。另外，有害气体的产生与微生物分解粪便、饲料有关，故而及时清除舍内的粪便等有机物，在一定程度上也可降低有害气体的浓度。

5. 产蛋土鸡的饲养方式

饲养方式是指土鸡生活在一个什么样的环境。不同的饲养方式，鸡群接触到的房舍与设备不同，活动的范围和饲养密度也不同，对其影响也有差别，因此，在选用饲养方式时，需根据鸡场任务、鸡群种类、当地气候与饲料条件、设备的质量与折旧等综合考虑后再作抉择。

(1) 放养　这是一种粗放的饲养方式。一般在比较开阔而又不宜耕种的场地上放置活动鸡舍，饲养育成鸡或土鸡，使其自由活动与采食，活动鸡舍可搬动，使鸡群能异地放牧。这种管理方式投资少，适于小生产者，如草生长良好，也能节约一些饲料，鸡群活动多，比较健壮。近年来，人们崇尚绿色食品，这使得放养土鸡备受人们喜爱，被人们称为柴鸡，柴鸡蛋的销售价格是笼养土鸡的4～5倍，柴鸡肉价格也比其他鸡肉价格高3倍以上。但这种方式最大的缺点是安全性差，鸡群易受到不良气候与野外动物的侵袭，易于感染寄生虫病，一般鸡群生产性能较差，脏蛋多，喂料、拣蛋与转移鸡舍较费工。

(2) 半舍饲　一般指在平养鸡舍的外侧设有为鸡舍跨度2倍左右的运动场，鸡群可以自由出入。由于有运动场，鸡的活动量大，鸡体还可以接触阳光与土壤，故体质较为强健。舍内设有栖架、料槽、水槽和产蛋箱。饲养密度不宜大，每平方米饲养4～5只。

(3) 舍饲　又称全舍饲，即鸡在饲养过程中始终圈在舍内，这种管理方式节省土地，避免或减少因土壤、野外动物、昆虫等感染疾病的机会。但配合日粮的营养成分必须完善。这种方式因地面的类型不同，又可分为以下几种。

① 厚垫料地面：一般在地面先撒一层石灰，然后铺上厚20厘米以上的垫

料。用厚垫料养鸡，除局部的撤换、铺垫外，一般每年随鸡群的进出更换一次，可节省很多清圈的劳力。这种方式适合鸡的习性，鸡的产蛋量较高，还可促进鸡在垫料上活动，减少啄癖的发生。采用这种方式通风必须良好，否则垫料潮湿、空气污浊、氨气浓度上升，易于诱发眼病、呼吸道病。这种方式以饲养种鸡为多。

② 栅状或网状地面：这两种方式很类似，差别主要在于地面的结构，但不管哪种结构，粪便均可由空隙中漏下去，省去日常清圈的工序，防止或减少由粪便传播疾病的机会，这种方式可以实行全部自动化生产，饲养密度比较大，缺点是鸡待在上面不是十分舒适。

③ 笼养：指将土鸡放在笼中饲养。这种方式具有高密度、高效率等特点，已经成为现代规模化土鸡养殖场的主要饲养方式。笼养土鸡有许多明显的优点：由于笼子可以立体架放，能大大节省土地和建筑面积；笼养土鸡密度大，活动受限制，冬季舍温较高，能量消耗少，饲料消耗也少，因而饲料转化率高；笼养土鸡不接触地面、蛋和粪，不用垫料，因而舍内灰尘少，鸡蛋清洁，也能减少寄生虫等疾病的发生；由于土鸡被限制在笼内，很少发生吃蛋现象，既便于观察，也便于逮捉，还可减少抱巢行为。笼养也存在一些缺点：如易于发生挫伤与骨折，易于发生过肥和脂肪肝综合征，在饲养管理中需加以注意。

6. 土鸡产蛋期饲养条件

(1) 做好转群工作，在转群的前3～5天，将产蛋土鸡舍准备好并消毒完毕，并在转群前做好后备母鸡的免疫和修喙工作。

(2) 适时更换产蛋料，当鸡群在17～18周龄、体重达到标准时马上采用产蛋料，这能让小母鸡增加体内钙的贮备，并在产前体内贮备充足的营养和体力。实践证明，根据体重和性发育，较早更换产蛋料对将来产蛋有利，过晚使用钙料会出现瘫痪、产软壳蛋等现象。

(3) 创造良好的生活环境，保证营养供给。开产是小母鸡一生中的重大转折，是一个很大的应激，在这段时间内小母鸡的生殖系统迅速发育成熟，体重不断增长，大致要增重400～500克，蛋重逐渐增大，产蛋率迅速上升，消耗母鸡的大部分体力，因此必须尽可能地减少外界对土鸡的干扰，减轻各种应激，为鸡群提供安静稳定的生活环境，并保证满足鸡的营养需要。

(4) 光照管理　产蛋前期的光照管理应与育成阶段光照具有连贯性。人工光照补充的进度是每周增加半小时，最多一小时，当自然光照与人工补充光照共计16小时时则不必再增加人工光照，维持恒定即可。

(5) 产蛋土鸡的光照强度　产蛋阶段对需要的光照强度比育成阶段强约一

倍，应达20勒克斯。土鸡获得光照强度和灯间距、悬挂高度、灯泡瓦数、有无灯罩、灯泡清洁度等因素有密切关系。灯间距2.5～3.0米，灯高距地面1.8～2.0米，灯泡功率为40瓦，行与行间的灯应错开排列，这样能获得较均匀的照明效果，每周至少要擦一次灯泡。

7.土鸡产蛋期日常管理

（1）饲喂次数和方法　每天饲喂2次，为了保持旺盛的食欲，每天12～14时必须有一定的空槽时间，以防止饲料长期在料槽存放，使鸡产生厌食和挑食的恶习。

每次投料时应边投边匀，使投入的料均匀分布于料槽里。投料后约30分钟要匀一次料，这是因为鸡在投料后的前十多分钟采食很快，以后就会挑食勾料，这时候槽里的料还比较多，鸡会很快把槽里的料勾成小堆，使槽里的饲料分布极不均匀，而且常常将料勾到槽外，既造成饲料的浪费又影响了其他鸡的采食，所以要进行匀料。要经常检查，见到料不均匀的地方就要随手匀开。每次喂料时添加量不要超过槽深的三分之一。

（2）饮水　产蛋期土鸡的饮水量与体重、环境温度有关，饮水量随舍温和产蛋率的升高而增多。产蛋期土鸡不能断水，各种原因引起的饮水不足，都会使饲料采食量显著降低，从而影响产蛋性能，甚至影响健康状况，因此必须重视饮水的管理。饮水要求：一是无污染，二是相对冬暖夏凉。笼养鸡的饮水设备有两种，一种是水槽，另一种是乳头饮水器。使用水槽饮水要特别注意水槽的清洁卫生，必须定期刷拭清洗水槽，水槽要保持平直、不漏水，使用长流水的水槽，水深应达1厘米，太浅会影响土鸡的饮水。使用乳头饮水器饮水时，要定期清洗水箱，每天早晨开灯后需把水管里的隔夜水放掉。

（3）拣蛋　为减少蛋的破损及污染，要及时拣蛋，每天拣蛋3～4次，拣蛋次数越多越好。

（4）注意观察鸡群　喂料时和喂完料后是观察鸡只精神、健康状况的最好时机，有病的鸡往往不上前吃料或采食速度慢，甚至啄几下就不吃了；健康的鸡在刚要喂料时，就出现骚动不安的急切状态，喂上料后埋头快速采食。发现采食不好的鸡时，要进一步仔细观察它的神态、冠髯颜色和被毛状况等，挑出来隔离饲养、治疗或淘汰下笼。要经常观察粪便是否有异常。茶褐色的黏便是由盲肠排出并非疾病所致；排水样粪便，是黄曲霉毒素、食盐过量、副伤寒等疾病所致；急性新城疫、禽霍乱等疾病排绿色或黄绿色粪便；粪便带血可能是混合型球虫感染；黑色粪便可能是肌胃或十二指肠出血或溃疡所致。

（5）设备观察　在观察鸡群过程中，还要注意笼具、水槽、料槽的设备情况是否完好，笼门是否关好，料槽、挂钩、笼门铁丝会不会刮伤土鸡等。

8. 土鸡产蛋期的季节管理

（1）春季管理　春季气候逐渐变暖，日照时间延长，是鸡群产蛋量回升的阶段，但又是大量微生物繁殖的季节，所以春季的管理要点是提高日粮营养水平，满足产蛋需要，逐渐增加通风量，做好卫生防疫和免疫程序，同时做好鸡场内的绿化工作。

（2）夏季管理　夏季气温较高，日照时间长，管理要点是防暑降温、促进食欲。当气温超过 28℃时，鸡的饮水增多而采食量减少，影响产蛋性能，并且很容易造成体质的下降，影响抗病能力。

（3）秋季管理　秋季日照时间逐渐变短，天气逐渐凉爽，要注意在早晨和夜间补充光照，早秋仍然天气闷热，再加上雨水大，温度高，易发生呼吸道和肠道疾病。白天要加大通风量，饲料中经常投放保健药物防止发病，夜间适当关窗和减少通风量，防止受凉。

（4）冬季管理　冬季天气寒冷，气温低，光照时间短。冬季的管理要点是防寒保温、舍温不低于 15℃。有条件的加设取暖设备，条件差的鸡场将鸡舍门窗特别是北面窗用塑料膜钉好，由于自然光照时间短，要补充人工光照。

9. 土鸡产蛋前期的饲养管理要点

土鸡一般 126～160 日龄开产，产蛋前应提前 2 周更换成产蛋初期饲料，以利于开产后产蛋率的上升。开产前是否更换饲料，还要根据鸡群的日龄、平均体重和均匀度而定，不能只看日龄这一个条件，如果鸡群已到开产日龄，均匀度好，但是平均体重偏小，应推迟更换饲料；如果鸡群已到开产日龄和体重，但均匀度差，应该分群饲养，这样可以保证土鸡的高产。饲养管理要点如下。

（1）分群饲养　以开产体重为标准分群饲养，体重过大的进行限食，体重过小的推迟土鸡料的喂给。

（2）及时转群和断喙。

（3）淘汰体重偏小、畸形、病鸡和弱鸡等无饲养价值的土鸡。

（4）做好免疫接种、消毒、饲料投喂、疫病诊疗和投药等记录。

（5）要保证饲养人员和饲养环境的相对稳定。

（6）控制好光照强度和时间，突然增加光照强度或减少光照时间会引起产蛋率的下降，且易引起啄癖。

10.土鸡产蛋高峰的饲养管理要点

鸡群产蛋高峰一般按产蛋率计，高产土鸡多在28周龄左右达到巅峰，在其前后约有10周时间产蛋率在80%以上。这期间有相当一部分鸡每天产蛋，在饲养管理上需做好以下工作。

（1）充分满足产蛋期的营养需要　在营养上要满足土鸡的需要，给予优质的产蛋高峰料。依据季节变化和鸡群采食量、蛋重、体重以及产蛋率的变化，调整好饲料的营养水平。产蛋高峰期必须喂给有足够营养的饲料，产蛋高峰料的饲喂必须尽可能地从产蛋开始到42周龄让鸡自由采食，要使高峰期维持时间长，就要满足高峰期的营养需要，能量和蛋白质摄入量是影响产蛋量的最重要营养因素。

（2）注意维护鸡群健康　产蛋高峰期间也是母鸡繁殖力最为旺盛、代谢最为强烈、合成蛋白质最多的时期，此时鸡体极易发生应激反应，抵抗力较弱，很容易发生疾病，因此要特别注意环境与饲料卫生，不使鸡群受到病原微生物的感染。

（3）维持鸡舍环境稳定，减少应激　鸡群产蛋巅峰的高低和持续时间的长短，不仅对当时产蛋数量有影响，也对全期产蛋有重大影响。如在高峰期间土鸡高产潜力和系列功能得以充分发挥，不但峰值高、持续时间长，而且以后的产蛋曲线是在高水平起点上衰降，全期产蛋相应较高。因此要尽可能维持鸡舍环境的稳定，尽可能地减少各种应激因素（温度、湿度、通风、光照、密度、噪声等）的干扰。

（4）增加拣蛋次数　增加拣蛋次数可降低破蛋率，减少环境对蛋的污染。

11.土鸡产蛋后期饲养管理要点

当鸡群产蛋率由高峰降至70%以下时，就转入了产蛋后期的管理阶段。

（1）产蛋后期鸡群的特点

① 鸡群产蛋性能逐渐下降，产蛋率降低。

② 鸡群产蛋所需的营养逐渐减少，多余的营养有可能变成脂肪使土鸡变肥。

③ 由于在开产后一般不再进行免疫，到产蛋后期抗体水平逐渐下降，对疾病抵抗能力也逐渐下降。

（2）产蛋后期鸡群的管理　根据产蛋后期鸡群的特点，对鸡群进行管理可确保鸡群能缓慢降低产蛋率，尽可能延长经济寿命；控制鸡的体重增加，防止过肥影响产蛋，并可节约饲料成本；及时剔除病残及低产鸡，减少饲料浪费；补充饲料中钙源供给量，增加鸡对钙的吸收率，减少鸡蛋破损率。适时对鸡群的管理进行调整，主要从饲料营养和疫病防治两方面进行。产蛋后期应注意的问题有以下几个。

① 母鸡产蛋率与饲料营养采食量有直接关系，可根据母鸡产蛋率的高低调整饲料能量的营养水平，降低日粮中的能量和蛋白质水平，但在调整日粮营养时要注意，当产蛋率刚下降时，不要急于降低日粮营养水平，而要针对具体情况进行分析，排除非正常因素引起的产蛋率下降，鸡群异常时不调整日粮。在正常情况下，产蛋后期鸡群产蛋率每周应下降 0.5%～0.6%，降低日粮营养水平应在鸡群产蛋率持续低于 70%的 3～4 周以后开始，而且要注意逐渐过渡换料，增加日粮中的钙比例。

② 产蛋后期抗体水平下降，应做好日常的防疫接种和灭病工作，防止疫病发生。

③ 强制换羽：强制换羽是采用某种措施使鸡群在同一时期停产，在 7～9 周的时间内，使鸡群羽毛脱换一新，全群产蛋率恢复到 50%，以后鸡群产蛋整齐，第二个产蛋高峰较高，蛋的品质有明显改善。强制换羽后，鸡群的产蛋率一般不如第一个产蛋期的产蛋率高，但比自然换羽的鸡群多产 8%～12%的蛋。因此，在后备母鸡供应不上或继续饲养仍有利的情况下，可对产蛋一年左右的鸡群进行强制换羽，以延长其利用期限。

第七章 土肉鸡的饲养管理

第一节 土肉鸡的生理特点

1. 土肉鸡的生理特点和生产特点

土肉鸡一般利用土种公鸡进行饲养、育肥后上市，其与蛋鸡育雏、育成期的生理特点基本相同，这里只介绍其不同之处。

① 生长发育速度慢，饲养周期长，鸡群年周转率低，一般饲养周期为84～134天。

② 饲料利用率低，对饲料中的营养物质含量要求低，耐粗饲，适合于放牧和平面散养。因为饲料比较廉价，所以饲养成本低。

③ 羽毛生长速度较慢，需要在饲料中添加蛋氨酸以促进羽毛生长，防止啄癖发生。

④ 公鸡鸡冠发育早、红润、肉垂发达。公鸡70日龄左右打鸣，颈羽、蓑羽和尾羽的成年羽毛基本长出，羽毛亮且富有光泽。

⑤ 笼养和散养相结合，土肉鸡的饲养以笼养结合平养效果最佳。

⑥ 疫病的免疫程序与产蛋蛋鸡的免疫程序相同。

⑦ 土肉鸡因其生长速度缓慢，抗病力强，发病率低，所以在饲养过程中大大减少了促生长添加剂和药物在土肉鸡生产中的使用，使土肉鸡的产品无毒、无害、无残留，成为广大消费者青睐的绿色食品。土肉鸡适合于偏远落后的农村、山区、自然条件无污染或污染轻的地区产业化饲养。

⑧ 土肉鸡生产有较强的季节性和消费区域性。土肉鸡规模化饲养最佳上市季节在每年的10月份至次年的2月份。

2. 土肉鸡生长阶段划分

土肉鸡根据其生长发育特点分为育雏前期（0～21日龄）、育雏后期（22～

42 日龄)、育肥前期 (43～73 日龄)、育肥后期 (74 日龄至上市) 四个阶段。

第二节　土肉鸡的饲养管理

一、土肉鸡的饲养方式

土肉鸡的主要饲养方式有三层全阶梯式笼养、平面饲养、舍外补饲与舍外放牧结合三种方式。

(1) 三层全阶梯式笼养　几年来的实践证明，这种方式最适合于雏鸡出壳后到脱离人工供温阶段的饲养管理，便于防疫和供温，饲养密度大，饲养成本低。是土肉鸡规模化养殖中育雏的最佳方式。

(2) 平面饲养　由于市场对土肉鸡羽毛完整性、体型紧凑性、胫细等方面的特殊要求，土肉鸡 50～110 日龄羽毛更换的旺盛时期必须平面饲养。笼养土肉鸡羽毛蓬松似丝状，没有光泽，羽毛羽片残缺不全，发育不良，胫粗，会被消费者误认为是笼养的商品杂交鸡，售价偏低。平面饲养包括网上饲养、垫料饲养和舍外运动场散养等方式。平面饲养适合于育肥期土肉鸡的饲养管理。平面饲养不便于防疫，因此不适于土肉鸡育雏期的饲养。

(3) 放牧饲养　放牧饲养是舍内补饲和舍外放牧结合的一种饲养方式，最适合土肉鸡育肥期使用，该方法饲养的土肉鸡鸡冠鲜红、羽毛紧贴身躯、羽毛完整、羽色艳丽富有光泽、体型紧凑、胫细、尾羽丰满上翘、形态优美，是消费者最欢迎的鲜活鸡。土肉鸡售价高，经济效益佳，但生长速度慢，饲养周期长，饲养量少。该方式使鸡能充分利用自然界的鲜嫩牧草和鲜活昆虫，减少了饲料的消耗量，降低了生产成本。放牧饲养是土肉鸡生产的最佳饲养方式。

二、土肉鸡饲养管理的基本条件

(1) 要求育雏舍保温良好　土肉鸡的育雏舍最好用水泥预制板建成的平面屋顶结构，密封保温性能良好，便于冲洗和熏蒸消毒，这样可以降低成本。

(2) 育肥期使用的平养育肥舍　平养育肥舍内设好网床，床上安装料槽、自动饮水器、料桶等设备，也可用塑料薄膜或编织袋布或水泥瓦建成简易鸡舍。

(3) 用三层全阶三开门育雏、育成两用笼　此种笼每个单笼配备小料桶、小饮水器、双杯式饮水器和成年鸡料槽，用网孔面积为 1 厘米^2 的塑料底网。

（4）放牧地　在要放牧饲养的果园、草山和草坡等设置围网、喂料点和饮水点，饮水器要用栅栏保护，防止鸡弄脏水。料桶放在比较大的塑料盆内或废旧的汽车轮胎中间，以防止浪费和污染饲料。放牧地要选择背风向阳、高燥、能防止水淹的地方。在放牧地上建立简易鸡舍，便于晚上或刮风下雨天遮风挡雨。

（5）供电设施　放牧饲养可用太阳能发电设备或三轮车带动的简易发电机发电，便于夜间照明、引鸡入舍和诱虫喂鸡。

（6）供温设施　大型育雏舍采用火道供温，小型育雏舍采用火炉供温。

（7）学习技术　饲养土肉鸡的养殖户要掌握有关土肉鸡饲养知识、管理技术和免疫技术。

三、土肉鸡的饲养管理要点

1.土肉鸡饲养方式和条件

土肉鸡育雏期采用笼养，育肥期采用平养或放牧饲养。土肉鸡饲养的温度、湿度、通风、饲养密度和卫生等基本条件与蛋鸡育雏期的基本条件相同。土肉鸡的光照时间为1～15日龄24小时光照，从第16天开始每天缩短1小时，直至16小时稳定不变。

2.土肉鸡饲料配合特点

30～42日龄采用高营养日粮饲喂，保证雏鸡正常的生长发育，防止出现僵鸡；43～73日龄采用低营养水平日粮，添加足量的蛋氨酸，促进羽毛和骨骼生长；育肥后期73日龄至上市，采用较高营养水平的日粮催肥，使其肌肉快速生长，确保上市时胸肌、腿肌丰满。

3.土肉鸡笼养育雏期的饲养管理

（1）进雏前对育雏舍要清扫、维修和消毒　进雏前2周对供温系统检查后试温，使育雏舍的温度达到最高适宜温度34～36℃。育雏舍冲洗消毒后，应将一切育雏用具放入育雏舍，然后封闭育雏舍，采用熏蒸消毒法消毒24小时以上，进雏前一天开风机排气。

（2）育雏温度控制　因为土肉鸡出壳体重小，抵抗低温的能力差，因此要保证育雏温度正常。第一周育雏温度为34～36℃，从第二周开始每周下降2～3℃。冬季、早春温度下降到18℃并保持稳定，其他季节下降到室温。

（3）饮水　雏鸡进舍后用小饮水器饮水。先向饮水器底盘中加入少量保健用水，使每只鸡都能喝到水。对没有喝到水的鸡应该用滴管滴水让其饮水。1～15日龄饮用凉开水，15日龄后可换成深井水或自来水。整个饲养期采用自由饮水。

雏鸡能使用杯式饮水器时，就撤走小饮水器换成杯式饮水器。

（4）给料　第一次饮水后2小时将肉鸡饲料放入料盘或料桶中，用食指敲击料盘或料桶引诱雏鸡采食。7天后换成土肉鸡粉状全价配合雏鸡料，从15天开始逐渐过渡到料槽喂料，等到所有的鸡都到料槽中采食后就撤走料桶。土肉鸡的饲喂方法采用自由采食或定时饲喂的方法，随着鸡日龄的增加逐渐增大饲料的颗粒度和喂料量。

（5）调整网孔　随着鸡日龄的增大，逐渐调整鸡笼网铁丝间的距离，去掉笼底塑料网。

（6）分群　及时分群以降低饲养密度，保证鸡群的正常发育。30日龄时要公母分群，转群时要大小分群、强弱分群。

（7）接种疫苗　要按照土肉鸡免疫程序，认真做好疫苗接种工作。正确稀释疫苗，准确接种疫苗，杜绝传染病的发生。

（8）抽测体重　根据体重抽测结果及时调整饲料的营养水平、喂料量，加强饲养管理工作。

（9）加强通风、定期清粪　加强通风，排出舍内的有害气体，供给新鲜空气，可以预防慢性呼吸道病发生，定期清粪是减少舍内有害气体、苍蝇的有效措施，可以减少大肠杆菌病的发生。

第三节　土肉鸡的放牧

土肉鸡放牧要做好以下管理。

（1）清理牧场　放牧前要清理放牧用地上的塑料袋、铁丝、铁钉、麻绳等杂物，防止鸡啄食后引起嗉囊炎或食道堵塞。

（2）围网管理　放牧前牧场周围用尼龙网围起来，防止鸡逃跑。

（3）足够的采食位置和饮水位置　每只鸡应设5～10厘米的饮水位置和采食位置，保证采食均匀、充足饮水，每天喂料2～4次。放牧饲养时，在饲草地上均匀设置补料和饮水点。

（4）适宜的饲养密度　平养鸡适宜的饲养密度每平方米15～17只，放牧饲养时鸡的数量与牧草、昆虫的多少有关。放牧为主、补饲为辅时，每亩草地放养150只为宜；补饲为主、放牧为辅时，每亩草地可放养300～600只。

（5）建立条件反射　鸡群放牧前喂料时给鸡一种信号、晚上补料时开灯等方法，使鸡建立稳定的条件反射后，把鸡放养到牧场，晚上让鸡返舍时用同样的信号，鸡就可以返舍。

（6）沙浴　放牧饲养时运动场上要设置沙浴坑，内放石粉，既可以满足鸡的沙浴行为，又可以补钙。

（7）定期驱虫　平面饲养易感染蛔虫和绦虫。所以，每批鸡应该驱虫一次。

（8）轮牧　放牧饲养时，为了防止鸡群对草地的损坏和污染，应采用分块放牧的办法，此方法可以给草地一个恢复和净化的时间。

土肉鸡饲养方法对其肉的品质有很大的影响，作为生产优质禽肉的土肉鸡，采用合适的饲养方式，获得良好的鸡肉品质则更为重要。现代土肉鸡生产中，通常采用保温育雏期集约化笼养和育肥期放牧饲养相结合的饲养方式。土肉鸡散养的方式主要有以下几种。

1. 果园放牧饲养

土肉鸡果园放牧饲养是利用果园的自然条件放牧饲养的一种方法。面积比较大的果园可以设一个与果园放牧饲养相配套的保温育雏舍，然后在果园的旁边或果园的中间用水泥瓦、稻草、麦秆和塑料薄膜搭建一个或几个简易棚舍供鸡群补饲、饮水和休息。白天鸡群在果园中自由采食青草、昆虫、草籽等天然饲料，早晨适当补饲育肥期全价配合饲料，傍晚放牧归来后，根据鸡的采食情况适当补饲精料，或打开果园内的诱虫灯，让鸡再采食一段时间。这种饲养方式不仅可以节约成本，还能为果园消灭害虫和根除杂草，保证良好的鸡肉品质。另外，鸡粪还可以增强果园土壤的肥力（见图 7-1，彩图）。

图 7-1　果园放牧饲养

（1）设施

① 有围墙的果园利用原有围墙，没有围墙的果园可以在果园的四周设置隔离设施。隔离设施可以建造围墙、设置篱笆、种植花椒树和刺槐，最简单易行的方法是利用塑料网将果园分割分区放牧。其目的是防止鸡跑到果园以外活动而丢失，同时也可以避免野生动物对鸡的侵扰。

② 设置育雏舍或放牧饲养的简易鸡舍，其作用是在育雏阶段便于管理，放牧饲养时让鸡在晚上和风雨天到舍内活动、采食、饮水和休息。

③ 喂料供水要用市场销售的自动喂料器和自动饮水器，既节约饲料，也可避免鸡进入水料槽造成饮水和饲料的污染。

（2）饲养管理 果园放牧饲养土肉鸡的育雏阶段在育雏舍内进行。管理方法与笼养土肉鸡育雏期的方法相同。果园放牧饲养的关键技术之一是由育雏舍转到放牧饲养区的转群工作。具体转群时间应该安排在主要防疫工作结束以后，一般在32日龄以后。转入放牧饲养区的时间还要根据外界最低气温情况来决定，当外界最低气温与育雏舍育雏温度相同或接近时，即可转群进入放牧阶段。果园放牧饲养应该从每年的4月份开始到秋季结束。具体放牧季节要根据当地的气候情况而定。早春放牧时由于天气变化无常，因此，每天要注意收看天气预报。如果天气变冷，应该做好放牧的保温工作，或者不放牧让鸡在舍内饲喂和饮水。开始放牧饲养前要选择晴朗无风天气，在中午前后，让鸡到鸡舍附近活动，以适应外界环境。在晚上和风雨天气时应该开灯防止鸡打堆而死亡。

早春果园放牧时要避开果树开花的季节，防止土肉鸡跳到树上毁坏果树上的花。一般情况下果园养鸡可以防止果树的病虫害，但对于鸡不能控制的病虫害还要用药物进行预防，喷洒药物治病期间应该暂停放牧，等到农药失去药效时再继续放牧。果园放牧应该避开果实成熟的季节，以防鸡损坏果实。可以把掉落的果实捡回来喂鸡。放养时间较长的果园一般有桃园、杏园、核桃园和石榴园等。

为了使果园内卫生清洁、青草再生，应该将果园分为不同的小区轮牧，休牧时将土壤清理或翻土、浇水，促使土壤净化和青草再生。搞好卫生防疫，定期消毒，按时接种疫苗，适时喂驱虫药物，对病鸡及时检查和处理。

果园放牧饲养时，每天早上放牧前应该适量补饲，晚上也应该补饲一定量的饲料。补饲的地方应该设在舍内，但适应性饲喂在放牧前1周可以在鸡舍附近的地面上撒一些配合饲料和青绿饲料，诱导雏鸡在地面觅食，以适应放牧时鸡在果园内采食野生饲料。

放牧饲养采用自由饮水，除在舍内设置饮水器外，还要在放牧的地方分散放置适量的饮水器，供鸡在外采食时饮水。饮水器要经常清洗消毒。

放牧饲养光照管理主要利用自然光。在放牧地里需要悬挂若干个带罩的灯泡，夜间补充光照，让鸡在生长后期采食昆虫，也可以防止外来动物袭击鸡群，保证鸡群安全。每天要观察鸡群表现，早晨把鸡放出鸡舍的时候，看鸡是否争先恐后向鸡舍外跑，若有个别鸡行动迟缓或待在鸡舍不愿出走，说明这些鸡的健康状况有问题，需要及时进行诊断治疗。每天傍晚，鸡群回到鸡舍的时候，一方面观察鸡只的数量有无明显减少以决定是否到果园内寻找，另一方面看鸡的嗉囊内是否充满食物以决定补食量。每天早上把鸡放出后检查鸡舍内的粪便是否正常。

(3) 减少意外伤亡

① 防止野生动物的危害：果园一般都在野外，可能进入果园内的野生动物很多，如黄鼠狼、老鼠、蛇、鹰及野狗等。这些野生动物对不同日龄的土鸡都有可能造成危害或造成一定的损失。防止野生动物危害可以在鸡舍外面悬挂几个灯泡，使鸡舍外面整夜比较明亮；在鸡舍外面搭个小棚养几只鹅，可以防止黄鼠狼对鸡群的危害，当有动静的时候，鹅会鸣叫，饲养人员可以及时起来查看。管理人员住在鸡舍旁边也有助于防止野生动物靠近。饲养猎狗也是一种可行的方法。

② 防止鸡群受惊吓：土鸡易受惊。鸡群受惊后会四处逃散，有的鸡会飞蹿到果园外面，或晚上不进鸡舍，在园外栖息。

③ 防止偷窃：这主要靠加强防范措施来保障。

④ 防止农药中毒：果园为防止病虫害需要在一定时期喷洒药物。在喷洒对鸡有危害作用的农药时，要把鸡圈在鸡舍内饲养，而且在喷药后的果园内不能采集青绿色饲料喂鸡。

2. 林间放牧饲养

在村庄的周围、河堤湖畔等许多地方都有成片的树林，林地中有许多杂草和昆虫，把鸡群放养在林地中可以充分利用野生的饲料资源，降低饲料成本。对于已经生产多年的树木来说，放养鸡群的饲养管理要求与果园养鸡基本相同，但与果园不同的是林地中一般很少喷洒药物，以防止土鸡农药中毒。大片林地中野生动物多，可能危及土鸡的安全，需要给予更多的关注。有的地方在苗圃中放养土鸡，需要注意的是春天树苗刚刚萌发的阶段不能让鸡群到苗圃中活动，以免损坏幼苗。当树苗生长的高度达到1米左右的时候，才能考虑放养土鸡。

3. 滩涂地放牧饲养

在每年的4～6月份气温开始升高、降雨量比较少的季节，在河滩的荒地中间用塑料编织布或水泥瓦搭建一个简陋的棚子，将可以放牧的土鸡放养在其中，让其自由采食青草、昆虫、杂草种子等野生饲料。

我国许多地方每年的3～6月份是降雨量比较少的季节，在一些较大河流的两岸会出现大面积的滩涂地，尤其是黄河滩涂面积最大。一些没有种植农作物的地方杂草丛生，昆虫很多，尤其是比较干旱的季节滋生大量的蝗虫，对附近的农作物也造成严重的危害。蝗虫危害时，沿黄河滩及其两岸需要用飞机喷洒大量的农药控制蝗虫灾害，这种灭蝗的方法虽然在短时间内能控制蝗灾，但要花费大量人力和财力。农药杀死了益虫和蝗虫的天敌，污染了土壤，对该区的生态环境造成不良影响。利用滩涂地的自然饲养资源放养土鸡，不仅可以生产大量优质的鸡肉，还可以控制蝗虫的发生，并能节约大量的人力、财力，有效地保护生态环境。

（1）设施　滩涂地放牧饲养的鸡舍应该设置在地势较高、干燥、通风良好的地方，以防止洪水袭击和蚊、虫对鸡及管理人员的危害。准备一辆三轮拖拉机和一台备用发电机，便于夜间补充光照，延长鸡的采食时间。要挖水井以供鸡群饮水，其他的饲养管理设施和果园放牧饲养方法相同。放牧场地选择时，要考虑到夏季太阳炎热时的遮阳问题，防止鸡在放牧时日照过强而发生热射病。

（2）饲养管理　放牧的时间，中原地区一般选择从3～4月份开始，尤其4月份以后气温温和，滩区内的野生饲料资源丰富，可以为鸡群提供充足的食物。滩涂地放牧饲养的密度应根据当地的气候和浮生饲料的丰富程度而定，每100米^{2}可以放养土鸡10只左右，最好的办法是让鸡群在一片滩涂地放牧7天后，再换到另一片滩涂地进行轮牧。采用太阳能蓄电池或发电机发电作为照明的光源，既可防止野生动物侵害鸡群，又可引诱各种昆虫，让鸡在晚上捕食，还可防止鸡的意外伤亡和丢失。

4.荒山荒坡地放牧饲养

我国的荒山荒坡面积很大，长期以来闲置浪费，不但使生态平衡破坏、水土流失严重，而且浪费了大面积的土地资源。利用荒山荒地放牧饲养，既有利于国家退耕还草、退耕还林政策，又有利于土鸡的生产。放牧饲养的方法与以上几种方法基本相同。鸡舍应该建立在背风向阳、地势较为平缓的坡地上，既可以防止北风对鸡群的袭击，又可以防止洪水的危害。牧场上应该种苜蓿等优质豆科牧草。在草地上宜种植杏树，杏树可以起到遮阳的目的，其树叶又是优质的饲料。

5.草山草坡草原放牧

草山草坡草原放牧饲养是利用草山草坡草原这一自然资源进行放牧饲养土肉鸡，生产绿色产品和防治蝗灾。南方的草山草坡草原植被覆盖面积大，植物茂盛，昆虫丰富，全年的放牧时间比较长。北方的草山草坡草原返青比较晚，青草期较短，放牧时间主要在6～9月份，放牧季节短，一年放牧一次，是防治蝗灾的有效措施之一。在南方地区，草山、草坡、草原放牧饲养应该在牧场上种植树木，在夏季树木可以遮阳乘凉，防止鸡患热射病。简易鸡舍的建造应该便于移动迁移。其他饲养管理方法与以上几种方法相同。

6. 玉米地放牧饲养

玉米地放牧饲养的方法与以上的饲养方法基本相同。在放牧饲养的玉米地中间搭建一个简易鸡舍，供鸡在晚上及风雨天食料和饮水。早、晚补饲适量的饲料，其余时间让鸡在玉米地里自由采食，饲养密度为0.15～0.23只/米^2。这种饲养方法，土鸡可以采食玉米地里的杂草、害虫，既节约农药，又节约劳力。

7. 棉花地放牧饲养

棉花地放牧饲养的设施方法和以上几种放牧饲养相同。饲养密度为0.15～0.23只/米^2，用简易塑料网把棉田围起来防止鸡跑到外面。放养季节应该在棉花生长到30厘米以上时进行。棉花地放牧饲养时，要防止农药中毒。

8. 庭院散养

在农户的庭院内用尼龙网或篱笆围一片空地，将土鸡散养在院内。所喂饲料以配合饲料为主，补饲青绿饲料。这种形式的饲养量比较少，通常为200～500只，但是管理方便、生产速度较快，所以值得推广。庭院散养土鸡在管理上基本与以上几种方法相同。管理方面应该注意从舍内放养到舍外的适应过程，保持温度的平稳过渡，在32日龄的放牧温度为26℃左右，随着鸡日龄的增加，对外界气温的适应能力也增强。注意当地天气预报，如果未来天气将出现大的变化，就需要及早采取有效措施，尽可能缓解温度骤变对鸡群的不良影响。庭院散养鸡在舍内活动的时间也比较长，因此应保持鸡舍内干燥，在鸡舍内铺设干净、干燥、无霉变的刨花、锯末、稻糠、麦秸等做垫料，让鸡群在垫料上生活。也可用网上饲养的方法使鸡离开地面、离开粪便。保持适宜的饲养密度对鸡群的生长发育、健康、均匀度都有利，一般饲养密度为1～2周龄时饲养35～45只/米^2，3周龄时饲养20～30只/米^2，6～7周龄时饲养15～20只/米^2，8周龄时饲养10～15只/米^2。白天自然光照和人工补充光照相结合，每天光照16小时。保持鸡群生活环境的卫生，鸡舍要定期清理，将脏污的垫料清理出来后，在离鸡舍较远的地方堆积进行发酵处理。运动场要经常清扫，含有鸡粪、草茎、饲料的垃圾要堆放在固定的地方。鸡舍内、外要定期进行消毒处理，把环境中有害微生物控制在最低水平，以保证鸡群的安全。鸡在夜间休息的时候喜欢卧在树枝、木棒上，在鸡舍内放置栖架可以让鸡夜间栖息在其上，其优点是可以减少相对饲养密度，减少与粪便直接接触。栖架用几根半圆形的木棒钉在两根木棒上像梯子一样即可。

庭院散养鸡主要用饲料饲养，饲料是影响土鸡生长速度和肉品质的主要原因。养土鸡也可以通过人工育虫为鸡提供动物性饲料。青绿饲料要多样搭配，放在用木棒搭成的架子上，让鸡自由采食。各种青绿饲料中的营养成分能够互补，长时间饲喂单一的某种青绿饲料对鸡的生长发育和健康有不良影响。有的青绿饲料中含有某些抗营养因素，影响其他营养成分的吸收或出现慢性中毒。

第八章 土鸡生态养殖新技术

第一节 蚯蚓养殖土鸡

1. 蚯蚓的生活习性

蚯蚓是喜温、喜湿、喜安静、喜黑暗的穴居动物，以腐烂的有机质废物为食，喜食带有酸甜味的食物，目前人工养殖蚯蚓主要采用牛粪、糖渣、猪粪、鸡粪、农作物秸秆及生活垃圾等。

2. 繁殖过程

蚯蚓雌雄同体。雄性生殖器官在第 10、第 11 节的后侧，有两对精巢囊，每一个囊内有精巢和精漏斗各一个，通过隔膜上的小孔与后一对贮精囊相连；贮精囊两对位于第 11 节和第 12 节内，精细胞在精巢中产生后，先进入贮精囊中发育，待成熟后再回到精巢囊，由精漏斗经输精管排出。两条输精管在第 13 节后两两平行，当行至第 18 节与前列腺的支管和主管相会合，由雄生殖孔排出，雄生殖孔在第 18 节腹面两侧。雌性生殖器官有葡萄状的卵巢一对，附着在第 12、第 13 节隔膜的后方，成熟的卵落入体腔，经第 13 节内一对卵漏斗，通过较短的输卵管，至第 14 节会合，由雌性生殖孔排出，雌生殖孔只有一个。另外，在第 6 至第 9 节内，有受精囊 2 对或 3 对，为接受和贮存异体精子的场所，开口于第 6 至第 9 节间腹部节间沟两侧。

蚯蚓虽说是雌雄同体，但由于性细胞成熟时期不同，故仍需异体受精。蚯蚓的雄性生殖细胞先成熟，成熟后两条蚯蚓要进行交配，交配时副性腺分泌黏液，使双方的腹面相互黏着，头端分向两方。雄性生殖孔与异体受精囊孔相对，精液从各自的雄生殖孔排出，通过对方的受精囊孔进入受精囊内。交换精液后两条蚯蚓各自分开。待蛋成熟后环带分泌黏稠物质，在环带外凝固而成环状黏液管（蚓茧），成熟的卵由雌生殖孔排至蚓茧中。当蚯蚓做波浪式后退运动时，蚓茧相应逐渐向前移动，当移至受精囊孔处精子逸出，在茧中受精。蚯蚓继续后退，最后蚓茧离开身体，两端封闭而留在土中。每个蚓茧有1～3个胚胎，2～3周内孵化。如环境不适宜，可延至翌年春季孵化。通常于2～4周后形似成体后，微小的幼体自蚓茧钻出。60～90天后性成熟，约一年后发育完成。

3.选种

适合人工养殖的蚯蚓应选择那些生长发育快、繁殖力强、适应性广、寿命长、易驯化管理的种类。目前最优良的品种有大平二号、北星二号等，它们是赤子爱胜蚓经人工驯化的品种，其他还有环毛蚓、爱胜蚓、杜拉蚓等。

4.场地的选择

根据蚯蚓的生活习性和生长要求，选择离猪场或鸡场较近、地势平坦、温暖、潮湿、植物茂盛、天然食物丰富、僻静、没有污染、接近自然环境、水源方便、土壤柔软、富含腐殖物、能灌能排、日光照射充足（避免阳光直射）的地方。

5.蚯蚓的基料与饲料

基料是蚯蚓栖息的物质材料，又是蚯蚓的食物来源。蚯蚓养殖成功与否，基料的好坏起着决定性作用。一般以猪粪、稻草或瓜果混合为基料，基料要求密度小、压力小、含水高、保水性好、透气性强。按新鲜猪粪60%、草料40%，加入一定量的EM菌发酵液和红糖，拌匀，浇水，使其含量在55%～70%，高为1米，让其松散不要压实，盖膜密封厌氧发酵20天。

6.建立养殖床

蚯蚓养殖床建立在地势平坦、土质松软、没有大块的土块、能灌溉能排水的地方。首先将地面整平，将发酵好的基料均匀地铺在地面上，铺设厚度为10厘米左右，宽度为1.0米左右。铺好后将蚯蚓种均匀地撒在基料上，蚯蚓种要撒均匀，一般每平方米可以投放0.25～0.40千克，夏季密度可以小些，冬季密度大些。撒好蚯蚓种后，在其上面再铺上一层基料，基料上面覆盖一层稻草，达到保温保湿的目的。铺好后在基料上浇上适量的水，一天后进行检查。如果出现蚯蚓逃跑、萎缩、死亡、肿胀，要查明原因，有可能是基料没有发酵好，应重新发酵。养殖床之间要有1米左右的空隙，以便加料和管理。

7.饲养管理

（1）温湿度和pH值　温湿度对蚯蚓的生长发育有重要的影响，生长温度为5～30℃，最适温度为20℃。低于5℃或高于30℃均不利其生长，0℃以下会冻死蚯蚓，当温度超过32℃时，蚯蚓就会停止生长，40℃以上时蚯蚓出现死亡。蚯蚓的生长发育水分在60%～70%，孵化期水分以56%～66%为宜。蚯蚓的生长繁殖与pH值有密切关系，生长环境和基料的pH值在6～8，最适宜为7。

（2）补料 20天左右蚯蚓就能将全部猪粪变为蚯蚓粪，此时需补料。补料时，可以在原饲料的基础上覆盖新料，根据蚯蚓的食量确定加料量，饲料要铺设均匀，再加上稻草，经常浇水保湿。

（3）浇水 为了确保蚯蚓正常生长，特别是夏季，每天至少要浇一次水，水不能有污染，水流量不宜太大，一定要浇透，使上、下层料接上，最好选择温度较低的早上或晚上浇水。

（4）养殖床的管理 蚯蚓养殖床中不能混入其他杂物，并且要经常疏松，以保证空气流通和幼蚓成活，养殖床之间的过道要保持干净。定期清除蚯蚓粪，以保持环境的清洁。用铁耙翻动养殖床时动作要轻，尽量把蚯蚓蛋埋入基料中，以免影响孵化率。

8.采收

蚯蚓的世代间隔为60天左右，在养殖过程中要及时采收，如果不及时采收蚯蚓就会外逃。当每平方米蚯蚓数量达到1.5万～2万条、大部分蚯蚓体重为400～500毫克时，采收成蚯蚓。夏季每个月采收一次，春、秋、冬季每3个月采收2次。采收后及时补料和浇水，通常1个月加料一次。

无论是自采的，还是从市场上收购的鲜活蚯蚓，首要的问题是将收集到的鲜活蚯蚓用清净水漂洗干净以后，加热煮沸5～7分钟，这样可以有效杀死蚯蚓体内外的寄生虫。一般的做法是将漂洗、煮熟后的蚯蚓切成小段，添加到饲料中混合饲喂土鸡；或者灭活后干制，配料时合理搭配喂给。饲喂量上，产蛋土鸡每天每只饲喂15～20克或添加饲料量的12%～15%，同时减去日粮10～15克后饲喂。其他阶段的如青年土鸡、商品土鸡等可以依体重增减饲喂，对生长增重也有良好的效果。

第二节 蝇蛆养殖土鸡

蝇蛆含有丰富的营养物质，是一种优质高蛋白动物活体饲料。据资料分析证明，蝇蛆中含蛋白质高达62%。采取人工育蛆喂鸡，是解决养鸡动物蛋白饲料的好办法。此法可就地取材，简单易行，生产周期短，原料来源广。

蝇蛆的养殖分种蝇饲养和蝇蛆饲养两个阶段。养种蝇是为了获得大批蝇卵，供繁殖蝇蛆。饲喂蝇蛆的土鸡所产的蛋，富含多种维生素、类胡萝卜素、人体必需的多种氨基酸及钠、钾、钙等矿物质。

1. 如何育蝇蛆

（1）建造蛆棚　选择光线明亮、通风条件好的地方建造蛆棚，根据养殖规模，蛆棚的面积一般为30～100米^2。棚内挖置数个5～10米^{2}的蛆池，池四周砌20厘米高的砖墙，用水泥抹平。蛆池四角处各挖一个小坑放置收蛆桶，桶与坑的间隙用水泥抹平。棚内还要设置多条供苍蝇停息的绳子和多个供苍蝇饮水的海绵水盘。

（2）准备饲料　种蝇用5%的糖浆和奶粉饲喂；或将鲜蛆磨碎，取95克蛆浆、5克啤酒酵母，加入155毫升冷开水，混匀后饲喂。初养时可用臭鸡蛋，放入白色的小瓷缸内喂养。饲料和水每天更换1次。

（3）控制温湿度　种蝇室的温度要控制在24～30℃，空气相对湿度控制在50%～70%。

（4）蝇蛆培养　培养料可用畜禽粪，也可用酒糟、糖糟、豆腐渣、屠宰场下脚料等配制。培养料含水量65%～70%，pH值6.5～7。每平方米养殖池倒入培养料35～40千克，厚度4～5厘米，每平方米接种蝇蛋20万～25万粒，重20～25克。接种时可把蝇蛋均匀撒在料面上。保持培养室黑暗，培养料温度控制在25～35℃。培养几天后，培养料温度下降，体积缩小，此时应根据蝇蛆数量和生长情况补充新鲜料。在24～30℃温度下，经4～5个昼夜，蝇蛆个体重量可达20～25毫克。

（5）驯化种蝇　把新鲜鸡粪放入蛆池，堆放数个长400厘米、宽40厘米的小堆。蛆棚的门在白天打开，让苍蝇飞入产卵，傍晚时关闭棚门让苍蝇在棚内歇息。野生蝇在产卵后要将其用药剂杀死。蝇蛆化蛹后，把蛹放在5%的EM菌液中浸泡10～20分钟。当蛹变成苍蝇时，再堆制新鲜鸡粪，诱使新蝇产卵，产卵后将苍蝇杀死。如此重复3～5次，即可将野生蝇驯化成产卵量高、孵出蝇蛆杂菌少、个头大的人工种蝇。

（6）收取蝇蛆　进入正常生产后，每天要取走养蛆后的残堆，更换新鲜鸡粪。人工驯化的苍蝇产卵后10小时即可孵化出蝇蛆，3～4天成熟的蝇蛆就会爬出粪堆，当它们沿着池壁爬行寻找化蛹的地方时，会全部掉入光滑的塑料收蛆桶内。每天可分两次取走蝇蛆，并注意留足五分之一蝇蛆，让其在棚内自然化蛹，以保证充足的种蝇产卵。实践证明，用此方法养殖蝇蛆，每1000千克新鲜鸡粪可产活蛆400千克以上，成本极其低廉。将蛆和剩余培养料撒入鸡圈内，让鸡采食鲜蛆后，再把培养料清除干净。由于蝇蛆有怕强光的特性，可采用强光照射，待其从培养料表面向下移动后，层层剥去表面培养料，底层可获得大量蝇蛆。

2. 蝇蛆喂土鸡

（1）品种选择　鸡可直接选择本地的土鸡品种，它们一般都具有较强的抗逆性和抗病力，无论进行棚养还是利用果园、田地放养或圈养，都可获得较高的存活率。选择鸡雏时要根据市场需求，选择全身黑色或其他颜色的鸡雏，这样可以确保较好的销路和价格。

图 8-1　蝇蛆

（2）饲喂方法　蝇蛆从收蛆蛹中取出后，用清水冲洗一下可直接喂鸡，用量可占到全部饲料的 30%，如果将蝇蛆用开水烫死或晒干磨粉后饲喂，掺用量可占 40%。因蝇蛆中的蛋白质含量较高，其他饲料要以玉米粉、小麦麸等能量饲料为主，不必再添加豆粕、鱼粉类蛋白饲料（见图 8-1，彩图）。

3. 育蝇蛆方法

现将几种人工育蝇蛆的方法介绍如下，供参考。

（1）鸡粪育蝇蛆

① 将鸡粪晒干、捣碎后混入少量米糠、麦麸，再与稀泥拌匀并成堆，用稻草或杂草盖平。堆顶做成凹形，每日浇污水 1～2 次，半个月左右便可出现大量的小蛆，然后驱鸡觅食。蛆被吃完后，将堆堆好，几天后又能生蛆喂鸡。如此循环，每堆能生蛆多次。

② 将发酵的鸡粪与啤酒糟或酱油糟按 4∶1 拌匀，平摊在地板上，厚度不超过 17 厘米，含水量约 70%，上面放些烂菜叶、臭鱼烂虾，招引蝇类来产卵，几天后便可生出许多虫蛆，然后驱鸡啄食。

（2）牛粪育蝇蛆

① 将牛粪晒干、捣碎，混入少量米糠、麸皮，用稀泥拌匀，堆成直径 100～170 厘米、高 100 厘米的圆堆，用草帘或乱草盖严，每日浇水 2～3 次，使堆内保持半干半湿状态。经 15 天左右，便可生出大量虫蛆，翻开草帘，驱鸡啄食。蛆被吃完后，再如法堆起牛粪，2～3 天后又会育出许多虫蛆，继续喂鸡。

② 将牛粪晾至半干，混入少量的杂草、鸡毛、酒糟，用温水搅拌成糊状，堆成长方形，堆表面糊上一层稀泥，堆顶盖上一层稻草或麦秆，经 15 天左右，堆内便能生出大量虫蛆。此时扒堆蛆出，驱鸡啄食，待蛆吃完后，再添加原料，继续育蛆喂鸡。

（3）人粪育蝇蛆　挖一个深 17 厘米的土坑，底铺一层稻草，稻草上浇人粪，粪上盖草帘，经 7 天后便可育出虫蛆，揭开草帘，驱鸡啄食。蛆被吃完后，坑内再放入人粪，盖草帘，继续育蛆喂鸡。

（4）稻草育蝇蛆　将稻草铡成 3～7 厘米长的碎草段，加水煮沸 1～2 小时，埋入事先挖好的长 100 厘米、宽 67 厘米、深 33 厘米的土坑内，盖上 6～7 厘米的污泥，然后用稀泥封平。每天浇水，保持湿润，8～10 天便可生出虫蛆。扒开草穴，驱鸡自由觅食。一个这样的土坑育出的虫蛆，可供 10 只小鸡吃 2～3 天。此法可根据鸡群的数量来决定挖坑的多少。虫蛆被吃完后，再盖上污泥继续育蛆、喂鸡。

（5）树叶、鲜草育蝇蛆　此法用鲜草或树叶 80%、米糠 20%混合后拌匀，并加入少量水煮熟，倒入瓦缸或池内，经 5～7 天后，便能育出大量虫蛆，驱鸡啄食。

（6）松针育蝇蛆　挖一个深 70～100 厘米、长和宽不限的土坑，放入 30～50 厘米厚的松针，倒入适量的淘米水，再盖上 30 厘米厚的土，经 7 天后，便可生出大量虫蛆，挖开土驱鸡啄食。蛆被吃完后，再填上松针，继续育蛆喂鸡。

（7）豆饼育蝇蛆　将少许豆饼与豆腐渣混合发酵，与秕谷、树叶混合，放入 7～10 厘米深的土坑内，上面盖上一层稀泥，再用草将其盖严，经 6～7 天后，便能生出许多虫蛆，然后驱鸡啄蛆。

（8）豆腐渣育蝇蛆　将豆腐渣 1～1.5 千克直接置于水缸中，加入淘米水或米饭水 1 桶，1～2 天再盖缸盖，经 5～7 天，便可育出虫蛆，把虫蛆捞出洗净喂鸡。虫蛆吃完后，再添些豆腐渣，继续育虫蛆喂鸡。如果用 6 个缸轮流育虫蛆，可供 50～60 只小鸡食用。

（9）黄豆、花生饼育蝇蛆　黄豆 0.6 千克，花生饼 0.5 千克，猪血 1～1.5 千克，将三者混合均匀，密封在水缸中，在 25℃左右条件下，经 4～5 天便开始出现虫蛆，而且虫蛆量逐日增多，可供 50 只肉鸡食用。这种虫蛆个体大，富含蛋白质及维生素，营养丰富，易被鸡消化和吸收，效果则接近于优质鱼粉。据试验，50 天内肉鸡体重即可达到 2 千克左右。

上述九种育蝇蛆方法中，除少数需要有一定的水外，一般则始终保持半干半湿状态，但不能太干或太湿，以免影响育虫蛆的效果。

第三节 黄粉虫养殖土鸡

黄粉虫又叫面包虫，在昆虫分类学上隶属于鞘翅目、拟步行虫科、粉虫甲属。原产于北美洲，20世纪50年代从前苏联引进我国饲养。黄粉虫干品含脂肪30%，含蛋白质高达50%以上，汁多体软，生活力强，极易饲养。此外还含有磷、钾、铁、钠、铝等元素和多种微量元素。干燥的黄粉虫幼虫含蛋白质40%左右、蛹含57%、成虫含60%。

图 8-2 黄粉虫

黄粉虫在2℃时经3～5天即可孵化，温度降低则延迟孵化。幼虫化蛹后要及时与幼虫分开，因为蛹不会活动，有被虫咬的可能。分开后要把蛹放在通风、保温、干燥的环境中，在20℃以上时，经过1周基本上能变成黑色甲壳虫（见图8-2，彩图）。

1. 形态特征

黄粉虫一生（指一个生长周期）分为蛋、幼虫、蛹、成虫四个阶段。

（1）蛋 乳白色，很小，长1～2毫米，直径为0.5毫米，呈椭圆形。蛋外面有蛋壳，比较薄，起保护作用，蛋液为白色乳状黏液。蛋分为蛋壳、蛋核、蛋黄、原生质。

（2）幼虫 黄色有光泽，长约35毫米，宽约3毫米，呈圆筒形。有13节，各节连接处有黄褐色环纹。腹面淡黄色，依此而命名为黄粉虫。头、胸所占虫体的比例较短，约为身体的1/5。身体直，皮肤坚，中间较粗。腹部末端一节较小。头缝呈U字形，嘴扁平，尾尖突，向上弯曲。

（3）蛹 幼虫长到50天后，长2～3厘米，开始化蛹。蛹头大尾小，两足（薄翅）向下紧贴胸部。蛹的两侧呈锯齿状棱角。蛹初为白色半透明，体较软，渐变褐色，后变硬。

（4）成虫 蛹在25℃以上经过1周后蜕皮为成虫。成虫刚刚蜕皮出来为乳白色，甲壳很薄，十余小时后变为黄褐色、黑褐色，有光泽，呈椭圆形，长约14

毫米，宽约6毫米，甲壳变得又厚又硬，此时完全成熟了。经过交配产蛋进行第二代繁殖。虫体分为头、胸、腹三部分。成虫头部比幼虫头部多长出一对触须，并且是幼虫的5倍长。足3对，一对长在前胸部，另两对长在腹部，足长比幼虫长8～10倍。每个足尖两个钩爪，足趾上有毛刺。背部翅膀上有竖纹若干条。成虫虽然有一对漂亮的翅膀，但只能短距离飞行，翅膀一方面保护身躯，另一方面还有助于爬行。

2. 生活习性

黄粉虫生性好动，昼夜都有活动现象。一般发生3～4代，世代重叠，冬季仍能正常发育。适宜的繁殖温度为20～30℃。在20～25℃，卵期7～8天，幼虫期122天，蛹期8天，从卵发育至成虫约需133天。在28～30℃，卵期3～6天，幼虫期100天，蛹期6天，卵发育至成虫只需110天。湿度对其繁殖影响也很大，相对湿度以60%～70%为适宜，湿度达到90%时，幼虫生长到2～3龄即大部分死亡，低于50%时，产卵量大量减少。成虫羽化率达90%以上，性别比1∶1，喜群居，性喜暗光，黄昏后活动较盛。羽化后经3天交尾产蛋，夜间产卵在饲料上面，每条雌虫可产卵200余粒，常数十粒粘在一起，表面粘有食料碎屑物，卵壳薄而软，雌虫寿命1～3个月不等，产卵一个半月后，产卵量下降，可以淘汰。7～8月份卵期要1周，幼虫有1～10个龄期，每4～6天蜕皮1次，历经60～80天，喜群集，在13℃以上开始取食活动。

3. 温度的要求

黄粉虫较耐寒，越冬老熟幼虫可耐受－2℃，而低龄幼虫在0℃左右即大批死亡，2℃是它的生存界限，10℃是发育起点，8℃以下进行冬眠，25～30℃是适温范围，在32℃生长发育最快，但长期处于高温容易得病，超过32℃会热死。以上温度是指虫体内部温度。4龄以上幼虫，当气温在26℃时，饲料含水量在15%～18%时，群体温度会高出周围环境10℃，相当于36℃，应及时采取降温，防止超过38℃，特别是在炎热的夏季更应注意。

4. 湿度的要求

黄粉虫耐干旱，能在含水量低于10%的饲料中生存，在干燥的环境中生长发育慢、虫体减轻，浪费大量饲料。理想的饲料含水量为15%，空气湿度为50%～80%。如饲料含水量超过18%、空气湿度超过85%，则生长发育减慢，而且易生病。如养殖室内过于干燥，可洒清水，空气湿度过大时要及时通风，使黄粉虫虫体含水量为48%～50%。

5.光线的要求

黄粉虫原是仓库害虫，生性怕光好动，而且昼夜都在活动，说明不需要阳光，雌性成虫在光线较暗的地方比强光下产蛋多。

6.饲料的要求

黄粉虫吃的食料来源广泛，在人工饲养中，不必过多研究饲料，但为了尽快生产黄粉虫，应投麦麸、玉米面、豆饼、胡萝卜、蔬菜叶、瓜果皮等，也有用喂鸡的配合饲料，以增加营养，但必须要有60%的麦麸为宜。各种食料搭配适当，对黄粉虫的生长发育有利，而且节省饲料。

7.饲喂土鸡

黄粉虫喂养土鸡能够增强土鸡的免疫力和抗病能力，加快生长速度，提高产蛋率和鸡蛋品质。黄粉虫喂养的土鸡（简称虫子鸡），肌氨酸含量高，肉质上乘，鲜香，口感好，风味独特。虫子鸡蛋蛋黄大且颜色深，蛋清黏稠，磷脂含量高，胆固醇含量低，富含各种微量元素，营养丰富。

但是用黄粉虫喂鸡要控制好数量，每天每只成年土鸡8～10克，不能太多，否则会引起土鸡消化不良、拉肚子，而且晚上一定要在鸡舍内放水，因为鸡吃了虫子，到晚上要喝大量的水。

第二讲 土鸡生态养殖的疫病防治

本讲知识要点

- 土鸡的传染病。
- 土鸡的寄生虫病。
- 土鸡的营养代谢病。

土鸡和其他品种鸡相比，对某些疫病的抵抗力相对高一些。但也不能忽视土鸡的疾病防治工作。由于人们经常见到的只是每户饲养的几只散养鸡，它们的活动范围和空间相对较大，有些病还不能对其构成致命的危害。鸡只的饲养数量和密度对鸡病的传播和扩散起决定性作用。饲养数量越大，密度越高，疫病就越易发生和传播。随着我国土鸡生产的迅猛发展，规模生产饲养越来越普遍，鸡病防治形势越来越严峻，因此疾病的防治也越来越受到广大养殖者的重视。为防止造成不必要的损失，土鸡在生态养殖过程中应贯彻“预防为主，养防结合，防重于治”的方针，加强饲养管理，搞好环境卫生，采取预防接种、检疫、隔离、消毒、尸体处理和及时治疗等综合性防治措施。

第九章 土鸡的传染病

第一节 土鸡传染病概述

一、健康土鸡的主要生理指标

① 正常直肠温度平均 41.1℃，范围 40.6～41.67℃。

② 正常心率 200～400 次/分。

③ 正常呼吸频率 15～36 次/分。

二、传染与传染病

病原微生物（包括病毒、细菌、真菌、霉形体、衣原体、螺旋体等）从有病的机体侵入健康机体，在一定条件下克服机体的防御功能，破坏机体内部环境的相对稳定性，在一定的部位定居和繁殖，引起鸡体产生一系列的病理过程，这一过程就叫作传染。凡是由病原微生物引起，有一定的潜伏期和临床表现，并有传染性的疾病就叫作传染病。

土鸡传染病的表现是多种多样的，然而也有一些共同的特点。这些特点是：①传染病都是由特定的病原微生物引起的，如鸡新城疫是由新城疫病毒引起的，没有新城疫病毒侵入鸡体，就不会发生鸡新城疫。②传染病都具有传染性或流行性，这是区别于非传染病的一个重要特征。③被传染的土鸡在病原微生物的作用下，能产生特异性的免疫反应，如产生抗体等，这种反应能用血清学的检验手段检查出来。④耐过的病鸡能获得免疫，使其在一定的时期内或终生不再患该种疾病。⑤传染病具有特征性的临床表现和病理过程，因此，我们可以根据传染病的临床表现与病理变化特征进行临床诊断。

三、传染病的流行过程

传染病的流行过程就是从个体感染发病发展到群体发病过程。这个过程的形成必须具备传染源、传播途径和易感动物这三个基本环节，倘若缺乏任何一个环节，新的传染就不可能发生，也不可能构成传染病在动物群体中流行。同样，当流行已经形成时，若切断任何一个环节，流行即告终止。因此，了解传染病流行过程的特点，从中找出规律性的东西，以便采取相应的措施来中断流行过程的发生与发展，是预防和控制传染病的关键所在。

传染病流行过程中的三个基本环节如下。

1. 传染源

传染源即传染病的来源，是指在动物体内定居、繁殖并能排出体外的某种传染病的病原体，具体说就是受感染的动物，包括患传染病和带菌（病毒等）的动物。它是构成传染病发生与发展的最主要条件，但在不同情况下，在其传染过程中所引起的作用亦不相同。

（1）患传染病的动物　它们是主要和危险的传染源，不同的病期其传染性大小也不同。①潜伏期：在这一时期，大多数传染病的病原体数量还很少，此时一般不具备排出条件，因此不能起传染源的作用。②临床症状明显期：传染源作用最大，患病动物可排出大量毒力强的病原体，因此在传染病的传播过程中最为重要。③恢复期：动物机体的各种功能障碍逐渐恢复，临床症状基本消失，但身体的某些部位仍然带有病原体，并排出到周围环境中，威胁其他易感动物。

（2）带菌（病毒）的动物　即外表无临床症状但体内有病原体存在且病原体能繁殖和排出体外的隐性感染的动物。如鸡白痢沙门菌感染的成年鸡等，虽不引起明显可见的临床症状，但排出的细菌可能引起敏感日龄的小鸡发病，所产的带菌种蛋能孵出带菌的雏鸡，并能造成疾病传播。

2. 传播途径

病原体从传染源排出后，经一定的传播方式再侵入其他易感动物所经过的途径即为传播途径。了解传染病的传播途径，有助于切断病原体的继续传播，防止易感动物遭受感染，是防止传染病发生与传播的重要环节之一。

传播方式可分为直接接触传播与间接接触传播两种。

（1）直接接触传播　就是在没有任何外界因素的参与下，病原体通过传染源与易感动物直接接触而引起的传播方式。以此种方式传播的传染病为数不多，其流行特点是一个接一个地传播，形成明显的链锁状，一般也不易造成广泛流行。

（2）间接接触传播　是病原体能通过传播媒介这种方式传播。传播媒介可以是生物，如蚊、蠓、蝇、鼠、猫、狗、鸟类等，也可以是无生命的物体（叫媒介物），如空气、饮水、饲料、土壤、飞沫、尘埃等，使易感动物吸入或食入病原体而感染或传播。此外，还可以通过人为传播，特别是饲养动物的人员、兽医、参观者、车辆和饲养管理用具等也常常是病原体的携带者和传播者，也可通过污染环境而使易感动物感染或者使疾病广为传播。

3.易感动物

指对传染病病原体敏感或易感的动物。其易感性的大小与有无直接影响传染病是否能造成流行以及疾病的严重程度。此易感性是由机体的特异性免疫状态与非特异性抵抗力决定的。前者可由主动免疫如接种疫苗或菌苗而获得，后者由被动免疫如注射高免血清、高免蛋白或直接由母体获得。如初生雏鸡由母体获得抗体（即母源抗体），这样就可以使易感动物变为不易感。这是预防传染病发生与流行经常采取的重要措施。

四、综合性卫生防疫措施

鸡传染病的发生与流行是一个复杂的过程，它是由传染源、传播途径和易感鸡群三个环节相互联系而造成的。因此，建立安全的隔离条件，防止外界病原传入场内，防止各种传染媒介与鸡体接触造成传播、感染；按照制定好的免疫程序进行免疫接种，减少易感鸡群；加强环境消毒，消灭可能存在于鸡场内的病原；加强饲养管理，提高鸡体的抗病能力，保持鸡群健康等防疫措施，消除或切断造成流行的三个环节的相互联系，就会使病情不至于发生或继续传播。土鸡多采用地面散养，鸡与粪便接触较多，病原微生物感染的机会也较多。如果饲养卫生条件很差，环境受到污染，病原滋生，就极易引起土鸡的疫病流行，造成重大的经济损失。综合性卫生防疫措施是鸡场的安全屏障，每一项措施都必须严格执行，只有这样才能安全和顺利地进行生产，防止发生惨重的经济损失。

（一）土鸡综合性卫生防疫措施的基本内容

综合性卫生防疫措施主要包括场址的选择，生产制度的确定，对工作人员的要求，良好的卫生环境，检疫、防疫、消毒，主要传染病的监测，病鸡、死鸡的隔离与销毁，粪便污水的处理等。

1.场址选择和场区的规划

前面已讲述，这里不再赘述。

2. 采用科学的生产管理制度

在筹划建场时，必须确定采用何种生产管理制度。目前生产制度主要分为“连续饲养”制和“全进全出”制两类，最好选用“全进全出”制。但由于目前土鸡规模化种鸡场较少，故实行“全进全出”制还有一定难度。现将两种生产制度的利弊介绍如下。

（1）“连续饲养”制　指饲养有不同日龄的数批鸡，同时存在“多日龄”鸡，或是饲养有雏鸡、土鸡甚至种鸡的综合性养鸡场。这种生产制度能充分利用饲养措施，但由于连续饲养不能彻底消毒，使传入鸡场内的传染病在不同日龄鸡群中循环感染，死淘率升高。在实行“连续饲养”制的土鸡场至少要做到整栋鸡舍“全进全出”，人员不得互串。

（2）“全进全出”制　即一栋鸡舍只养同一日龄、同一来源的鸡，而且同时进舍、同时出舍，其后彻底进行清舍消毒，准备接下一批鸡。因为日龄较大的患病鸡或是已病愈的鸡都可能带菌或带病毒，并可能通过不同的途径排菌或排毒而传染易感的小鸡，如此反复，一批一批地感染下去，使疾病长期在舍内存在。如果采用“全进全出”制度，同批鸡同时转出或上市，经彻底消毒后再饲养下一批鸡，就不会有传染源和传播途径存在，这样就安全多了。事实证明，采用“全进全出”的饲养制度是预防鸡的传染病、提高鸡的成活率的最有效措施之一。

3. 对土鸡场人员的要求

所有人员进入鸡场必须经过消毒池，非生产人员未经许可不得进入养鸡生产区，工作人员进入鸡舍前应更衣，有条件的要沐浴，不允许在各鸡场之间随意走动。不得将场外活鸡、鲜蛋带入场内。职工不得在场内饲养其他家禽、鸟类、家畜和动物。饲养人员每天必须对鸡群的精神、活动、采食、饮水、排粪及是否有死鸡等情况进行仔细观察，发现异常及时汇报，并请技术人员进行诊断处理。

4. 良好的饲养管理

良好的饲养管理能保证鸡体强壮，对疫病的抵抗力也会增强。一是要防止由外地、外场引入病鸡和带菌（病毒）鸡。从外地、外场引进种鸡时要经过严格检疫，千万不要从发病鸡场或刚解除疫情的鸡场购鸡入场。很多鸡场与养鸡户都有过由于不慎引入病鸡或带菌（病毒）鸡而使疫病在场内传播的沉痛教训。二是育雏室内应保持适当的温度、湿度和通风情况。其中鸡舍及时通风换气是预防疫病的有效措施之一。三是鸡群密度应适当，群体不宜过大，从育成期开始，应将公母分开饲养。鸡舍饲养密度过大或通风不良常致大量二氧化碳蓄积，粪便和垫料发酵腐败会产生大量有害气体，这些都对饲养人员和鸡有不良的影响。鸡舍内氨的含量不得大于20毫克/升，硫化氢的含量不得大于6.6毫克/升，二氧化碳的含量不得大于0.15%，一般以人们进入鸡舍无烦闷感觉、眼鼻无刺激感为度。因为鸡舍有害气体含量过高，会刺激呼吸道黏膜，降低抵抗力，易感染经呼吸道传播的疾病，如鸡新城疫、鸡传染性支气管炎、鸡马立克病、大肠杆菌病、霉形体病等。四是供给全价的饲料和合格的饮水。五是及时清扫鸡舍、走廊过道、庭院及鸡场周围，保持环境卫生。六是鸡场上方应设置网具，夏天加遮阴网，防止野鸟进入。七是做好灭鼠、灭蚊工作，防止其他动物进入，鼠类是多种疫病的贮存宿主或传播者，养鸡场的鼠类已成为公害。饲料房、开放式鸡舍、废物堆集的地方都是鼠类藏身的良好场所，因此，应将灭鼠作为养鸡场的经常性工作。蚊蝇和其他动物也可传播一些疾病，故也要防范。八是鸡粪应有专门的地方堆积、发酵，污水横流会造成疫病传播，污染环境。粪便与垫料的处理是目前养鸡场存在的一个老大难问题，一般的方法是将清除的垫料与粪便运到专用粪污处理区进行堆积发酵处理。九是病死鸡要及时处理。当鸡群中出现病死鸡时应及时取出，并送兽医人员诊断与处理。凡确诊为传染病的患鸡和死鸡应及时掩埋或焚烧，不得在该鸡舍内隔离和堆积，以免扩大传播。

5.制定良好的、适宜本场的免疫程序

预防传染病的发生是养鸡场养殖成败的关键，疫苗接种使鸡免疫力增强，是防治传染病最重要的措施之一。通过接种疫苗或菌苗，使鸡体获得免疫，增强特异性抵抗力，从而成为不易感机体，就会切断传染病流行的环节。土鸡多散养，鸡只之间互相接触较多，疫病相互传播机会就多，应加强免疫接种工作。土鸡免疫接种常用的方法有点眼、滴鼻、刺种、饮水、气雾、皮下或肌肉注射等，在生产中采用哪一种方法，应根据疫苗及鸡场的具体情况，既要考虑工作方便，又要考虑免疫效果。免疫接种时要注意以下几点。

（1）建立一个适合本场的免疫程序　根据本地区疫病发生情况，结合本场和周边地区疫病发生情况，在当地有关专家的指导下，制定出适合本场的免疫程序，作为本场免疫的参考。

（2）适时免疫　根据鸡群抗体水平，确定免疫时机，有条件的可开展抗体监测，根据抗体水平提前或推后进行免疫。

（3）免疫时间的间隔　疫苗连续多次免疫能产生免疫麻痹，两种疫苗免疫间隔太短，疫苗间相互干扰，影响免疫效果，导致免疫失败；同样间隔时间过长易产生免疫空白期，使鸡群的抗体水平较低，抗病力下降，易感染疫病。因此免疫的间隔要适当。

（4）要根据鸡体的健康状况确定免疫时间　鸡群发生疾病时或鸡群体质差时，免疫效果差，鸡群健康、体质好时免疫效果好。

（5）活苗和油乳剂灭活苗结合使用　在疫病流行严重的地区，要活苗和灭活苗相结合使用，利用其各自的特长进行互补，增强鸡群的免疫力。

（6）使用疫苗前要仔细阅读说明书　防止错误地使用疫苗，如鸡新城疫Ⅰ系苗，鸡幼雏不能用。

造成鸡群免疫失败的原因很多，主要有以下几方面：母源抗体的影响；疫苗的质量；疫苗选择不当；疫苗使用不当；免疫抑制病的存在；早期感染；应激及鸡体体质和个体差异；血清型不同；超强毒株的感染；免疫时机和免疫方法不当。

6.鸡舍及环境的清洁消毒是防止疫病传播的重要措施

根据不同的消毒对象可采用不同的消毒剂和方法。消毒的对象不同，选用的消毒药品不同。如鸡体消毒要考虑其毒性、刺激性和腐蚀性，环境消毒要考虑其消毒效果和价格，鸡舍消毒要考虑空间消毒。

（1）优质消毒剂应符合下列要求

① 低度高效，消毒力强，对人、畜安全。药效作用迅速，能在较短时间内达到预定的消毒目标，且无臭、无毒、无刺激性、无腐蚀性。

② 消毒谱广，经济实惠。可杀灭病毒、细菌、霉菌等多种有害微生物，且价格较低。

③ 便于使用，易溶于水，渗透力强。溶解迅速，能渗透于尘土、鸡粪等各种有机物内杀灭病原体。

④ 性质稳定，效力持久。不受光、热、水质硬度、环境中酸碱度影响，作用时间长，长期保持药效不减。

（2）保证消毒效果的措施　消毒的效果与污物的多少、消毒剂的效力、消毒剂的浓度、作用时间和消毒时的温度有关。大多数消毒剂的消毒效果与浓度、作用时间和温度成正比。

第一，清除污物，在消毒之前，应将鸡粪、尘土、蜘蛛网打扫干净，并将房顶、墙壁、地面冲刷干净。第二，消毒剂浓度要适当，如果浓度太小则达不到理想的效果，如果浓度太大会伤害鸡只或造成浪费。第三，要有足够的使用量，如果使用量不够，消毒剂不能与病原体充分接触或接触时间不够，起不到应有的消毒效果。使用气雾消毒剂时要将鸡舍密封好。第四，要有一定的温度，大多数消毒剂在温度相对较高时具有较强的杀灭病原体的作用，特别是熏蒸消毒，消毒的环境温度尤为重要，一般情况下20℃以上为好。在气温较低的季节应将鸡舍先升温再消毒。

（3）鸡舍的消毒　鸡舍特别是育雏舍的消毒是非常重要的，鸡舍的消毒必须按一定的程序进行，方能取得良好的效果。

鸡舍消毒应先进行喷洒消毒，即鸡全部出舍后，先用消毒剂将鸡舍及运动场等进行消毒，以防在清扫、运输等过程中污染其他鸡舍和鸡场。喷洒消毒后，将鸡舍、运动场的鸡粪、垫草、尘土、顶棚上的蜘蛛网打扫干净。没吃完的饲料最好销毁。鸡舍内可移动的设备要移出并充分清洗、消毒或经日光照射。鸡舍内再进行冲刷，冲刷前先切断电源，灯头用塑料布包严，防止进水。对天花板、墙壁、笼具、地面等进行冲刷，必要时可使用洗涤剂，洗净后再用清水冲刷。高压水枪冲刷效果较好。最后进行药物消毒，消毒一定要在冲刷后并充分干燥后进行，有水或潮湿会使消毒剂浓度降低。使用刺激性、腐蚀性的消毒剂，消毒后应用清水清洗干净。熏蒸消毒可单独进行，也可在药物消毒后再进行一次消毒。熏蒸消毒时要紧闭门窗，鸡舍内所有孔洞、缝隙要堵严，防止鸡舍透气。一般情况下每立方米用40%甲醛溶液18毫升、高锰酸钾9克，密闭24小时，熏蒸消毒后应在进鸡前3天打开门窗通风换气。熏蒸时要注意人身安全。

（4）运动场及环境消毒　消毒池可用2%氢氧化钠溶液，也可用0.2%新洁尔灭溶液，池液每3天换1次。鸡舍场地及运动场可用2%氢氧化钠溶液、过氧乙酸或次氯酸钠等消毒，每周1～2次。生产道路最好每天消毒1次，鸡舍间的空地每月1～2次消毒。

（5）设备用具的消毒　料槽、水槽、蛋箱、蛋托等塑料制品，可先用水冲刷干净，晾干后再用0.1%高锰酸钾消毒。车辆、运鸡笼在进场前进行彻底冲刷，再用2%氢氧化钠溶液喷洒消毒。

7. 防止蛋传疾病

所谓蛋传疾病就是感染母鸡传给新孵出后代的疾病。蛋传疾病通常有以下两种情况：一是病原体在蛋壳和壳膜形成前感染卵巢滤泡，在蛋形成过程中进入蛋内，如沙门杆菌等。二是鸡蛋在产出时或产下后因环境卫生差，病原体污染蛋壳，如一般肠道菌，特别是沙门菌、大肠杆菌等，时而有铜绿假单胞菌、葡萄球菌以及霉菌污染蛋壳，并通过蛋壳的气孔进入蛋内。这样，被污染的种蛋在孵化过程中可能造成死胚或臭蛋，孵出的雏鸡多数为弱雏或带菌雏，在不良环境等应激因素的影响下发病或死亡。因此，预防蛋传疾病是提高雏鸡成活率的重要因素，平时应注意种鸡舍的环境卫生，勤打扫，勤更换垫料，并保持干燥，以减少污蛋。

（二）发生疫病时的扑灭措施

① 及早发现疫情并尽快确诊。鸡群中出现传染病病鸡的早期症状多为精神沉郁，减食或不食，缩颈，尾下垂，眼半闭，喜卧而不愿活动，下痢，呼吸困难（伸颈、张口呼吸），产蛋急剧下降等。此时应迅速将可疑病鸡隔离观察，并迅速确诊，以便采取防治措施。

② 隔离病鸡并及时将病死鸡从鸡舍取出，被污染的场地、鸡笼进行紧急消毒。严禁饲养人员与工作人员串圈，以免扩大传播。

③ 停止向本场引进新鸡，并禁止向外界出售本场的活鸡，待疾病确诊后再根据病的性质决定处理办法。

④ 病死鸡要深埋或焚烧，粪便必须经发酵处理，垫料可焚烧或作堆肥。

⑤ 对全场的鸡进行相应疾病的紧急疫苗接种。对某些疾病的病鸡进行合理的治疗，对慢性传染病病鸡宜及早淘汰。

（三）鸡病治疗原则

（1）预防为主的原则　许多疫病的发病有一定的规律性，根据各种疫病的规律性提前进行预防，发现鸡只发病也要及早用药，以防蔓延扩散。

（2）对病治疗的原则　鸡群发病首先要查清病因，弄清楚是病毒病、细菌病、寄生虫病、营养代谢病还是其他疾病，根据病因进行治疗，在治疗细菌性疾病时有条件的应做药敏试验，选择敏感药物，切忌乱用药。

（3）先急后缓的原则　在治疗鸡病过程中，往往出现几种疾病同时发生的事情，在治疗中不可能用多种药对几种病同时治疗，在这种情况下，应先治疗发病急、危害大的，后治疗发病缓、危害小的。

（4）统筹兼顾的原则　鸡群发生混合感染时，如果一种药物能同时治疗几种鸡病时应优先考虑采用。同时在治疗过程中要考虑继发感染和后遗症，要提前用药预防。

第二节　土鸡常见传染病

一、鸡新城疫

鸡新城疫（ND）俗称鸡瘟，是由禽副流感病毒型新城疫病毒（NDV）引起的高度接触性传染病，又称亚洲鸡瘟或伪鸡瘟。常呈急性败血型鸡新城疫症状，主要特征是呼吸困难、便稀、神经紊乱、黏膜和浆膜出血。死亡率高，对养鸡业危害严重。

（一）病原

鸡新城疫病毒（NDV）属于副黏病毒科、副黏病毒属，核酸为单链 RNA。成熟的病毒粒子呈球形，直径为 120～300 纳米。由螺旋形对称盘绕的核衣壳和囊膜组成。囊膜表面有放射状排列的纤突，含有刺激宿主产生血凝抑制和病毒中和抗体的抗原成分。

NDV 血凝素可凝集人、鸡、豚鼠和小白鼠的红细胞。溶血素可溶解鸡、绵羊及 O 型人红细胞。病毒感染一般要经过吸附、穿入、脱衣壳、生物合成、装配及释出等六个阶段。在感染发生时，病毒吸附和穿入细胞是关键的两个阶段。鸡是 NDV 最适合的实验动物和自然宿主。

一般消毒药均对 NDV 有杀灭作用。病毒存在于病禽的所有组织器官、体液、分泌物和排泄物中，以脑、脾、肺含毒量最高，以骨髓含毒时间最长。在低温条件下抵抗力强，在 4℃可存活 1～2 年，－20℃时能存活 10 年以上；真空冻干病毒在 30℃可保存 30 天，15℃可保存 230 天；不同毒株对热的稳定性有较大的差异。

本病毒对消毒剂、日光及高温的抵抗力不强，一般消毒剂的常用浓度即可很快将其杀灭，很多种因素都能影响消毒剂的效果，如病毒的数量、毒株的种类、温度、湿度、阳光照射、贮存条件及是否存在有机物等，尤其是有机物的存在和低温的影响最大。

（二）流行病学

NDV 可感染 27 个目 240 种以上的禽类，但主要是鸡和火鸡。珍珠鸡、雉鸡及野鸡也有易感性。鸽、鹌鹑、鹦鹉、麻雀、乌鸦、喜鹊、孔雀、天鹅以及人也可感染。本病主要传染源是病鸡和带毒鸡的粪便及口腔黏液。被病毒污染的饲料、饮水和尘土经消化道、呼吸道或结膜传染易感鸡是主要的传播方式。空气和饮水传播，人、器械、车辆、饲料、垫料（稻壳等）、种蛋、幼雏、昆虫、鼠类的机械携带，以及带毒的鸽、麻雀的传播对本病都具有重要的流行病学意义。

本病一年四季均可发生，以冬春寒冷季节较易流行。不同年龄、品种和性别的鸡均能感染，但幼雏的发病率和死亡率明显高于大龄鸡。纯种鸡比杂交鸡易感，死亡率也高。某些土种鸡和观赏鸟（如虎皮鹦鹉）对本病有较高的抵抗力，常呈隐性或慢性感染，成为重要的病毒携带者和散播者。

（三）临床症状

本病的潜伏期为2～15天，平均5～6天。发病的早晚及症状表现依病毒的毒力、宿主年龄、免疫状态、感染途径及剂量、并发感染、环境及应激情况而有所不同。

本病的临床表现变化较大。当鸡群免疫力较低而发生本病时，其临床症状比较典型，发病率高，死亡较多（见图9-1，彩图）。一般是多数鸡精神沉郁，食欲减退或停食，呼吸困难，张口呼吸。口中黏液增多，呈灰白色，鸡甩头时常见黏液流出。嗉囊空虚，内含液体，有波动感。常见下痢，有的排绿色稀便。发病2～3天后有较多鸡死亡，死亡率呈直线上升，有明显的死亡高峰，10天左右死亡率缓慢下降。后期可见歪颈、运动障碍等神经症状。食欲好转后，这种神经症状还不断出现。成年鸡在发病初期产蛋率明显下降，而且软壳蛋和褪色蛋明显增多。当鸡群精神、食欲均好转后产蛋率开始回升，但仍低于原有产蛋水平。

图9-1　鸡新城疫

当免疫鸡群由于多种因素造成免疫力不均衡而发生非典型性鸡新城疫时，临床表现因日龄不同而在程度上有所差别。在育雏和育成阶段发生时，首先表现的是呼吸道症状，呼吸困难，张口呼吸，夜间有明显的呼吸音。在呼吸道症状出现不久即有神经症状出现（见图9-2，彩图），食欲减退或不食的鸡逐渐增多。病鸡下痢，发病后2～3天死亡剧增，大约1周后死鸡数量开始下降，在好转后1～2周仍有神经症状的鸡出现。成年鸡发病时，症状较轻，主要表现为呼吸道症状和少数神经症状，但产蛋率明显下降，

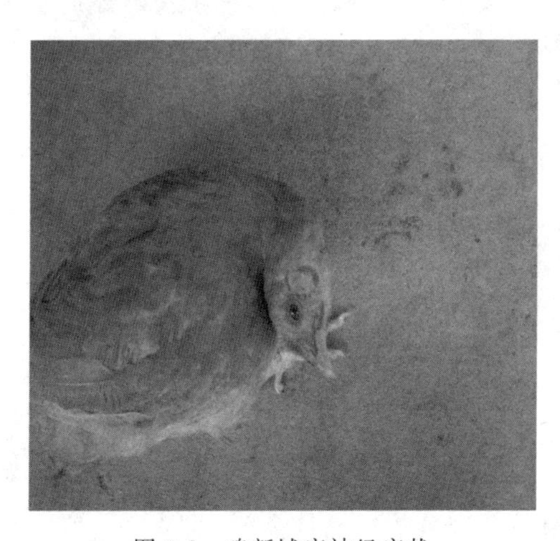

图9-2　鸡新城疫神经症状

软壳蛋增多，有少数鸡死亡。有的成年鸡群没有明显的临床症状，死亡率也在正常范围内，唯一的表现就是产蛋率突然下降，软壳蛋增多，经 2 周左右，产蛋率开始回升，并接近原来的水平。

（四）病理变化

剖检可见各处黏膜和浆膜出血，特别是腺胃乳头和贲门部出血。心包、气管、喉头、肠和肠系膜充血或出血。直肠和泄殖腔黏膜出血。蛋巢坏死、出血，蛋黄破裂性腹膜炎等。消化道淋巴滤泡的肿大出血和溃疡是 ND 的一个突出特征。消化道出血病变主要分布于：腺胃前部至食道移行部；腺胃后部至肌胃移行部；十二指肠起始部；十二指肠后段向前 2～3 厘米处；小肠游离部前半部第一段下 1/3 处；小肠游离部前半部第二段上 1/3 处；梅尼埃憩室（蛋黄蒂）附近处；小肠游离部后半部第一段中间部分；回肠中部（两盲肠夹合部）；盲肠扁桃体，在左、右回盲口各一处，枣核样隆起，出血（而不是充血），坏死。非典型新城疫剖检可见气管轻度充血，有少量黏液。鼻腔有卡他性渗出物。气囊混浊。少见腺胃乳头出血等典型病变。

（五）诊断

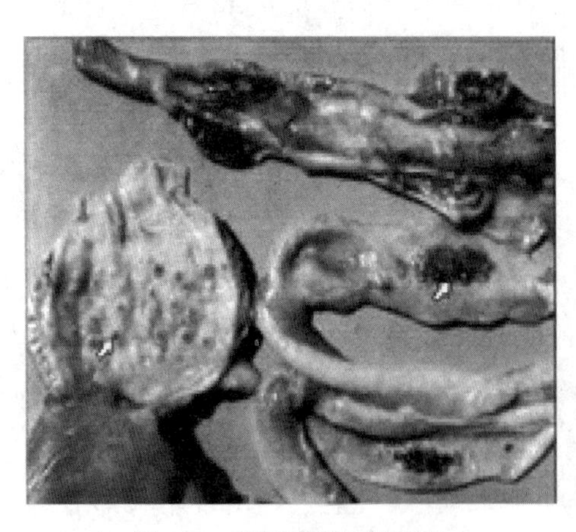

图 9-3　鸡新城疫病理变化

当鸡群突然采食量下降，出现呼吸道症状和拉绿色稀粪，成年鸡产蛋量明显下降，应首先考虑到新城疫的可能性。通过对鸡群的仔细观察，发现呼吸道、消化道及神经症状，结合尽可能多的临床病理学剖检，如见到以消化道黏膜出血、坏死和溃疡为特征的示病性病理变化（图 9-3，彩图），可初步诊断为新城疫。确诊要进行病毒分离和鉴定。也可通过血清学诊断来判定。例如，病毒中和试验、酶联免疫吸附试验、免疫荧光、琼脂双扩散试验、神经氨酸酶抑制试验等。但迄今为止，血凝抑制试验（HI）仍不失为一种快速准确的传统实验室手段。

（1）诊断要点

① 发病率和死亡率高。用抗生素、磺胺类药物治疗无效。

② 呼吸困难，张口伸颈，常有“咕噜”或“咯咯”的叫声，排黄色或绿色

粪便。

③ 腺胃黏膜出血，小肠出血坏死。

（2）实验室诊断

① 病毒培养鉴定：样品经处理后，接种 9～10 日龄 SPF 鸡胚，37℃孵育 4～7 天，收集尿囊液做 HA 试验测定效价，用特异抗血清（鸡抗血清）判定 ND 病毒存在。

② 血清学试验：病毒血凝试验（HA）、病毒血凝抑制试验（HI）、酶联免疫吸附试验（用于现场诊断、流行病学调查和口岸进出境鸡检疫的筛检）。

③ 样品采集：用于病毒分离，可从病死或濒死鸡中采集脑、肺、脾、肝、心、肾、肠（包括内容物）或口鼻拭子，除肠内容物需单独处理外，上述样品可单独采集或者混合。或从活鸡中采集气管和泄殖腔拭子，雏鸡采集拭子易造成损伤，可收集新鲜粪便代替。上述样品立即送实验室处理或于 4℃保存待检（不超过 4 天）或－30℃保存待检。

用于血清学试验的样品，一般采集血清。

（六）防治

鸡新城疫的预防工作是一项综合性工程。饲养管理、防疫、消毒、免疫及监测五个环节缺一不可。不能单纯依赖疫苗来控制疾病。加强饲养管理和环境卫生，注意饲料营养，减少应激，提高鸡群的整体健康水平；特别要强调全进全出和封闭式饲养制，提倡育雏、育成、成年鸡分场饲养方式。严格防疫消毒制度，杜绝强毒污染和入侵。建立科学的适合于本场实际的免疫程序，充分考虑母源抗体水平、疫苗种类及毒力、最佳剂量和接种途径、鸡种和年龄。坚持定期进行免疫监测，随时调整免疫计划，使鸡群始终保持有效的抗体水平。一旦发生非典型鸡新城疫，应立即隔离和淘汰早期病鸡，全群紧急接种 3 倍剂量的 LaSota（Ⅳ系）活毒疫苗，必要时也可考虑注射Ⅰ系活毒疫苗。如果把 3 倍量Ⅳ系活苗与鸡新城疫油乳剂灭活苗同时应用则效果更好。对发病鸡群投服多种维生素和适当抗生素，可增加抵抗力，控制细菌感染。

参考免疫程序如下。

（1）肉仔鸡　7 日龄 LaSota 或 Clone-30 弱毒苗滴鼻、点眼；24～26 日龄 LaSota 喷雾免疫或Ⅰ系苗肌内注射。或 7 日龄 ND-Ⅳ系或 Clone-30 弱毒苗点眼和 0.3 毫升鸡新城疫灭活苗皮下注射；15 日龄 LaSota 弱毒苗点眼或喷雾，或 2 倍量饮水。

（2）土鸡和肉种鸡　7 日龄 LaSota 滴鼻点眼，同时鸡新城疫灭活苗 0.3 毫升肌内注射；28 日龄 LaSota 喷雾免疫或 2 倍量饮水；9 周龄 LaSota 喷雾免疫；必要时可考虑用Ⅰ系苗注射补强；开产前 2～3 周 ND＋EDS＋IB 三联灭活苗肌肉注射，同时 LaSota 点眼或喷雾；开产后每 6～10 周用 ND＋IB 活苗喷雾一次；44 周龄时复免一次鸡新城疫灭活苗效果更佳。

鸡场发生鸡新城疫的处理：鸡群一旦发生本病，首先将可疑病鸡检出后焚烧或深埋，被污染的羽毛、垫草、粪便、鸡新城疫病变内脏也应深埋或烧毁。封锁鸡场，禁止转场或出售，立即彻底消毒环境，并给鸡群进行Ⅰ系苗加倍剂量的紧急接种；鸡场内如有雏鸡，则应严格隔离，避免Ⅰ系苗感染雏鸡。待最后一个病例处理 2 周后，并经过严格消毒，方可解除封锁，重新进鸡。

二、鸡马立克病

鸡马立克病是鸡的一种淋巴组织增生性肿瘤病，其特征为外周神经淋巴样细胞浸润和增大，引起肢（翅）麻痹，以及性腺、虹膜、各种脏器、肌肉和皮肤肿瘤病灶。本病是一种世界性疾病，目前是危害养鸡业健康发展的四大主要疫病（禽流感、鸡马立克病、鸡新城疫及鸡传染性法氏囊病）之一，引起鸡群较高的发病率和死亡率。

（一）病原

鸡马立克病病毒是一种细胞结合性病毒，属于疱疹病毒的 B 亚群，共分三个血清型。血清Ⅰ型为致瘤的马立克病病毒，主要毒株有超强毒、强毒；血清Ⅱ型为不致瘤的马立克病病毒；血清Ⅲ型，对鸡无致病性，但可使鸡有良好的抵抗力，是一株火鸡疱疹病毒株。病毒衣壳呈六角形，直径 85～100 纳米，带囊膜的病毒粒子直径 150～160 纳米。当它于羽毛囊上皮细胞中形成有囊膜的病毒粒子时特别大，其直径可达 273～400 纳米。在肿瘤病变中的病毒是裸体的、严格的细胞结合病毒，当细胞破裂死亡时，病毒也随之失去其传染性，与细胞共存亡。只有在羽毛囊上皮细胞中的是完全病毒，外有厚的囊膜，这种非细胞结合性病毒，可脱离细胞而存活，而且对外界环境抵抗力很强，在传播本病方面有极重要的作用。

完整病毒的抵抗力较强，在粪便和垫料中的病毒，室温下可存活 4～6 个月之久。细胞结合毒在 4℃可存活 2 周，在 37℃存活 18 小时，在 50℃存活 30 分钟，60℃只能存活 1 分钟。

（二）流行病学

易感动物主要为鸡，火鸡、山鸡和鹌鹑也有发生类似的病变。哺乳动物不感染。病鸡和带毒鸡是传染来源，尤其是这类鸡的羽毛囊上皮内存在大量完整的病毒，随皮肤代谢脱落后污染环境，成为在自然条件下最主要的传染源。马立克病的发病率变化很大，这与鸡的品种、病毒的毒力以及饲养管理的方式有着重要的关系。

本病主要通过空气传染经呼吸道进入体内，污染的饲料、饮水和人员也可带毒传播。孵化室污染能使刚出壳雏鸡的感染性明显增加。1 日龄雏鸡最易感染，2～18 周龄鸡均可发病。母鸡比公鸡易感性高。来航鸡抵抗力较强，肉鸡抵抗力低。

（三）临床症状

本病是一种肿瘤性疾病，从感染到发病有较长的潜伏期，接种 1 日龄雏鸡后第二或第三周开始排毒，第三、第四周出现临床症状及眼观病变。这是最短的潜伏期。病毒的毒株、剂量及鸡的品种、年龄等因素对潜伏期的长短有很大影响。马立克病最多发生于 2～3 月龄鸡，但 1～18 月龄的鸡均可发病。根据病变发生的部位和临床表现分为三种类型，即神经型、内脏型、眼型。有时可以混合发生。

（1）神经型　主要侵害周围神经，由于所侵害神经部位不同，症状也不同。以坐骨神经最易受侵害。当坐骨神经受损时病鸡一侧腿发生不完全或完全麻痹，不能行走，站立不稳，蹲伏地上，成为一种特征性姿态，一只腿伸向前方，另一只腿伸向后方，呈“劈叉”姿势（见图 9-4，彩图），为典型症状。当臂神经受损时，则被侵侧翅膀下垂。当支配颈部肌肉的神经受损时病鸡低头或斜颈；迷走神经受损时鸡嗉囊麻痹或膨大，食物不能下行。一般病鸡精神尚好，并有食欲，但往往由于饮不到水而脱水，吃不到饲料而衰竭，或被其他鸡只践踏，最后均以死亡而告终。

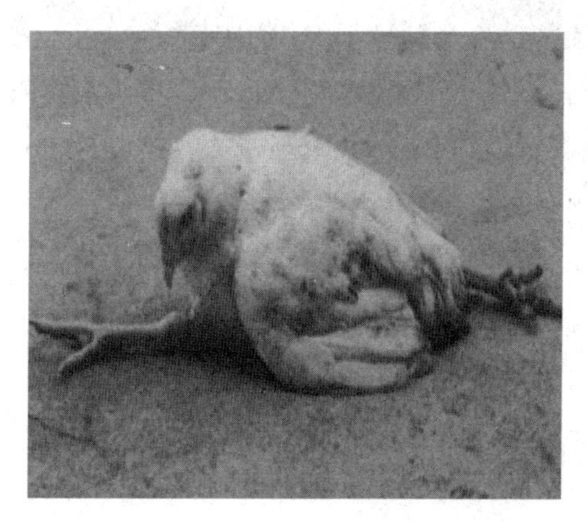

图 9-4　鸡马立克病典型症状

(2) 内脏型 常见于50～70日龄的鸡，死亡率高，主要表现为精神委顿，食欲减退，羽毛松乱，鸡冠苍白、皱缩，有的鸡冠呈黑紫色，有黄白色或黄绿色下痢，迅速消瘦，胸骨似刀锋，触诊腹部能摸到硬块。病鸡脱水、昏迷，最后死亡。

(3) 眼型 发现于一眼或二眼，一旦出现则病鸡表现为瞳孔缩小，严重时仅有针尖大小；虹膜边缘不整齐，呈环状或斑点状，颜色由正常的橘红色变为弥漫性的灰白色，呈“鱼眼状”。轻者表现对光线强度的反应迟钝，重者对光线失去调节能力，最终失明。

临床上以神经型和内脏型多见，有的鸡群发病以神经型为主，内脏型较少，一般死亡率在5%以下，且当鸡群开产前本病流行基本平息。有的鸡群发病以内脏型为主，兼有神经型，危害大、损失严重，常造成较高的死亡率。

（四）病理变化

病鸡的最常见病变是外周神经的病变，最常侵害腹腔神经丛、坐骨神经丛、臂神经丛和内脏神经丛，以受损害神经的横纹消失，变成灰色或黄白色，增粗、水肿，比正常的大2～3倍，有时更大，因多侵害一侧神经，所以病变轻微时与对侧神经对比，是有助于诊断的。

内脏型最常被侵害的脏器是蛋巢，其次是肾脏、肝脏、心脏、脾脏、肺脏、腺胃、肌肉等组织。在上述组织中长出大小不等的肿瘤块，灰白色，质地坚硬而致密。有时肿瘤于组织中弥散性增长，整个器官变得很大，肿瘤组织色泽灰白，与原有组织的色彩相间存在，成为大理石斑纹。肿瘤多呈结节性，为圆形或近似圆形，数量不一，大小不等，略突出于脏器表面，灰白色，切面呈脂肪样。有的病例肝脏上不具有结节性肿瘤，但肝脏异常肿大，比正常大5～6倍，正常肝小叶结构消失，表面呈粗糙或颗粒性外观。性腺肿瘤比较常见，甚至整个蛋巢被肿瘤组织代替，呈花菜样肿大，腺胃外观有的变长，有的变圆，胃壁明显增厚或薄厚不均，切开后腺乳头消失，黏膜出血、坏死。皮肤病变通常与羽毛囊有关，但不限于毛囊，这种病变可以融合在一起，严重的病例可见清晰的淡白色病变结节，在拔了毛的尸体中尤为明显。

（五）诊断

神经型马立克病根据病鸡特征性麻痹症状及病理变化即可确定诊断。内脏型马立克病应与鸡淋巴性白血病进行区别，二者肉眼观变化很相似，其主要区分点在于马立克病常侵害外周神经、皮肤与肌肉、眼的虹膜，法氏囊被侵害时常是萎缩的，而淋巴性白血病则不是这样。

根据临床症状、典型病理变化可进行初步诊断，对于临床上较难判断的可送实验室进行病毒分离鉴定、血清学方法、组织学检查及核酸探针等方法进行确诊。琼脂扩散试验方法简单易行，适宜现场及基层单位采用，是用马立克病抗血清确定病鸡羽毛囊中有无该病毒存在来确诊。

（六）防治

本病是由病毒引起的肿瘤性疾病，一旦发生则没有任何措施可以制止它流行和蔓延，更没有特效的治疗药物，因此防治本病的关键是切实做好免疫。现在的种鸡场对出售的商品雏鸡，在出壳时都做过马立克病疫苗接种，一般不需再做免疫。

对发生本病的处理：①一旦发生本病，在感染的场地清除所有的鸡，将鸡舍清洁消毒后，空置数周后再引进新雏鸡。②一旦开始育雏，中途不得补充新鸡。

三、鸡传染性法氏囊病

鸡传染性法氏囊病又称鸡传染性腔上囊病，是由传染性法氏囊病病毒引起的一种急性、高度接触性传染病。主要危害雏鸡的免疫系统。发病率高、病程短。主要症状为腹泻、颤抖、极度虚弱。法氏囊、肾脏的病变和腿肌、胸肌出血，腺胃和肌胃交界处条状出血是具有特征性的病变。幼鸡感染后，可导致免疫抑制，并可诱发多种疫病或使多种疫苗免疫失败。

（一）病源

本病病原为传染性法氏囊病病毒，该病毒属于双股双节 RNA 病毒科，该科只有一个属，即双股双节 RNA 病毒属。它的基因组由两个片段的双股 RNA 构成。病毒是单层衣壳，无囊膜，病毒粒子直径为 55～65 纳米。传染性法氏囊病病毒由 4 种结构蛋白质组成，分别是 VP_1、VP_2、VP_3、VP_4，VP_2 能诱导产生具有保护性的中和抗体。抗 VP_2 单克隆抗体可鉴别病毒的 2 个血清型。目前已知传染性法氏囊病病毒有 2 个血清型，即血清Ⅰ型（鸡源性病毒）和血清Ⅱ型（火鸡源性病毒）。

传染性法氏囊病病毒在外界环境中非常稳定，在鸡舍中可存活 2～4 个月。病毒耐热，耐阳光及紫外线照射。56℃加热 5 小时仍存活，60℃可存活 0.5 小时，70℃则迅速灭活。病毒耐酸不耐碱，pH 2.0 经 1 小时不受抑制，pH 12 则受抑制。病毒对乙醚和三氯甲烷不敏感。3%的煤酚皂溶液、0.2%的过氧乙酸、2%次氯酸钠、5%的漂白粉、3%的苯酚、3%的甲醛溶液、0.1%的升汞溶液可在30分钟内灭活病毒。

(二)流行病学

自然感染仅发生于鸡，各种品种的鸡都能感染，主要发生于2～15周龄的鸡，成年鸡一般呈隐性经过，本病主要危害3～6周龄的鸡，2周龄以下的雏鸡很少发病。本病除造成一些雏鸡死亡外，还常引起病愈鸡免疫抑制，导致免疫接种失败，增加雏鸡对鸡新城疫等许多疾病的易感性。

病鸡的粪便中含有大量病毒，病鸡是主要传染源。鸡可通过直接接触和污染了传染性法氏囊病病毒的饲料、饮水、垫料、尘埃、用具、车辆、人员、衣物等间接传播，老鼠和甲虫等也可间接传播。本病毒不仅可通过消化道和呼吸道感染，还可通过污染了病毒的蛋壳传播，但未有证据表明经蛋传播。另外，经眼结膜也可传播。

本病往往突然发生，传播迅速，当鸡舍发现有被感染鸡时，在很短时间内该鸡舍所有的鸡都可被感染，通常在感染后经3天开始死亡，5～7天达到高峰，以后很快停息，表现为高峰死亡和迅速康复的曲线。本病一般发病率高，可达100%，而死亡率差异很大，有的仅为3%～5%，一般为15%～20%，严重发病群死亡率可达60%以上，卫生条件差且伴发其他疾病时死亡率可升至80%以上。

(三)临床症状

本病潜伏期为2～3天，最初发现有些鸡啄自己的泄殖腔。病鸡精神萎靡、羽毛蓬松、食欲不振，病鸡畏寒，常扎堆在一起，可见病鸡身体震颤，明显的症状是下痢，排出白色黏稠和水样稀粪，泄殖腔周围的羽毛被粪便污染。严重者鸡头垂地，闭眼呈昏睡状态。在后期体温低于正常，严重脱水，极度虚弱，最后死亡。近年来，发现由传染性法氏囊病病毒的亚型或变异株感染的鸡表现为亚临床症状，炎症反应弱，法氏囊萎缩，死亡率低，但由于产生免疫抑制，致使以后对鸡群的任何免疫接种效果甚微或根本无效，增加了鸡群对多种疫病的易感性，造成的经济损失是无法估量的。

(四)病理变化

病死鸡脱水现象明显，有的大腿内外侧和胸部肌肉常见条纹状或斑块状出血，腺胃和肌胃交界处常见粉红色出血带，肾脏有不同程度的肿胀，肾小管因尿酸盐潴留可见明显的扩张。脾轻度肿胀，表面有均匀的小坏死灶。法氏囊的病变具有特征性，浆膜水肿严重时呈黄色胶冻样，有的可涉及泄殖腔，黏膜水肿，呈淡黄色，有散在出血点。由于水肿，法氏囊的体积增大，重量增加，比正常重 2 倍左右，以后法氏囊体积开始缩小，有的明显萎缩 2～5 倍，触之坚韧，切开后黏膜皱褶多混浊不清，有黏性分泌物和黄色栓塞物。萎缩的法氏囊变成深灰色，法氏囊常有坏死灶（见图 9-5，彩图）。

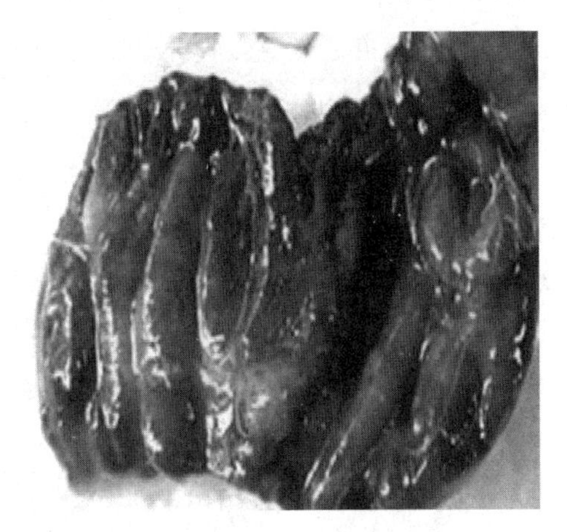

图 9-5　鸡传染性法氏囊病病变

（五）诊断

根据本病的流行病学和病理变化的特征，如突然发病，传播迅速，发病率高，死亡集中在短短的几天内，而且具有临诊康复比较快的特点。法氏囊水肿和出血，体积增大，黏膜皱褶多混浊不清，有黄色栓塞物，萎缩的法氏囊颜色变成深灰色等，就可诊断为传染性法氏囊病。由传染性法氏囊病病毒变异株感染的鸡，只有通过法氏囊的病理组织学观察和病毒分离才能做出诊断。病毒分离鉴定、血清学试验和易感鸡接种是确诊本病的主要方法。

（六）防治

第一，坚决执行兽医卫生综合防治措施，采用全进全出饲养体制，全价饲料，鸡舍换气良好，温度、湿度适宜，消除各种应激条件，提高鸡体免疫应答能力。对 60 日龄内的雏鸡最好实行隔离封闭饲养，杜绝传染源。

第二，选择可靠的鸡种，是防止育雏早期感染的有效方法。

第三，做好雏鸡的免疫接种。免疫程序可按：①无母源抗体的雏鸡在 5～7 日龄首次接种，5 周龄后第二次接种；②有母源抗体的雏鸡在 14～21 日龄首次接种，5 周龄后第二次接种。

鸡场发生传染性法氏囊病时采取的措施：发病鸡舍应严格封锁，每天上下午各进行一次带鸡消毒。对环境、人员、工具也应进行消毒。及时选用对鸡群有效的抗生素，控制继发感染。改善饲养管理和消除应激因素，保持鸡体水、电解质、营养平衡，促进康复。病雏早期用高免血清或卵黄抗体治疗可获得较好疗效。还可进行疫苗紧急接种。

四、禽流感

禽流感是禽流行性感冒的简称，它是由 A 型流感病毒的一种亚型（也称禽流感病毒）引起的一种急性传染病，也能感染人类，被国际兽疫局定为甲类传染病，又称鸡瘟或欧洲鸡疲软。是由流感病毒引起的急性高度接触性传染病，传播迅速，呈流行性或大流行性。禽类出现急性败血症、呼吸道感染以及隐性经过等多种临床表现。

（一）病原

流感病毒属于正黏病毒科，分为 A、B、C 三型。禽流感病毒属 A 型，A 型流感病毒粒子呈多形性，直径 20～120 纳米，也有呈丝状者。核衣壳呈螺旋对称，外有囊膜，囊膜上有两种穗状突起物。一种是血凝素（H_A），可使病毒吸附于易感细胞的表面受体上，诱导病毒囊膜和细胞膜的融合。另一种是神经氨酸酶（N_A），可水解细胞表面受体特异性糖蛋白末端的乙酰基神经氨酸。H_A 和 N_A 都是糖蛋白，为表面抗原，A 型流感病毒的 H_A 和 N_A 容易变异。已知的 H_A 有 16 个亚类（H_1～H_{16}），N_A 有 9 个亚类（N_1～N_9），它们之间的不同组成使 A 型流感有许多亚型，各亚型之间无交互免疫力。流感病毒对干燥和低温有较强抵抗力，冻干可保存数年，60℃、20 分钟可使病毒灭活。一般消毒剂对病毒均有作用，该病毒对碘蒸气和碘溶液特别敏感。

（二）流行病学

A 型流感病毒可感染猪、马、禽类和人等动物，常突然发生，迅速传播，呈流行性或大流行。禽流感可由所有的 H_A 和 N_A 不同组合的型引起，其中大多数对鸡的致病性低，只有 H_5 和 H_7 中的少数亚型曾在世界各地引发过高致病性禽流感。A 型流感病毒的某些亚型，在无遗传重组的情况下，可从一种动物传向另一种动物。在某些情况下，动物的种间传播是由于病毒发生了遗传重组（变异）所致。病毒的变异常代替原有的亚型而导致新的流行。

1997 年中国香港禽流感致人死亡，是有史以来人类受 H_5 亚型禽流感病毒直接攻击的首次事例，受到普遍关注，也促使科学家们对其机理从分子水平上进行探索研究。发现人体分离株和鸡源 H_5N_1 的关系非常密切，不同的是鸡源 H_5N_1 的 H_A 切割点附近有一个糖基化位点，而 H_5N_1 人体分离株的 H_A 切割点附近则无此糖基化位点，科学家认为这一关键位点的改变极大地影响了病毒与人类细胞结合的能力，这可能是 H_5N_1 病毒得以感染人的重要原因。

B 型流感病毒在自然情况下仅感染人，一般呈散发、爆发或小流行；C 型流感病毒常感染儿童，多呈散发，偶有爆发，但不流行。

（三）临床症状

禽流感潜伏期短，通常 3～5 天，发病初期无明显临床症状，表现为禽群突然爆发，常无明显症状而突然死亡。病程稍长时，病禽体温升高（达 43℃以上），精神高度沉郁，食欲废绝，羽毛松乱；有咳嗽、啰音和呼吸困难，甚至可闻尖叫声；鸡冠、肉髯、眼睑水肿，鸡冠、肉髯发绀或呈紫黑色或有坏死；眼结膜发炎，眼、鼻腔有较多浆液性、黏液性或黏脓性分泌物；病鸡腿部鳞片有红色或紫黑色出血；病禽有下痢，排出黄绿色稀便，病死率有时接近 100%（见图 9-6，彩图）。

除由 A 型病毒的 H_5 和 H_7 亚型中的强毒感染引起高度致死性疾病外，其他亚型多引起轻微的呼吸道症状，病死率低，或呈隐性经过。

（四）病理变化

急性病例病变常不明显，可见不同程度的充血、出血、渗出、坏死等变化，如心冠脂肪小点出血，心肌条纹状坏死斑，腺胃乳头出血，肠黏膜出血，有的胸肌和腿肌出血（见图 9-7，彩图）。

图 9-6　禽流感表现

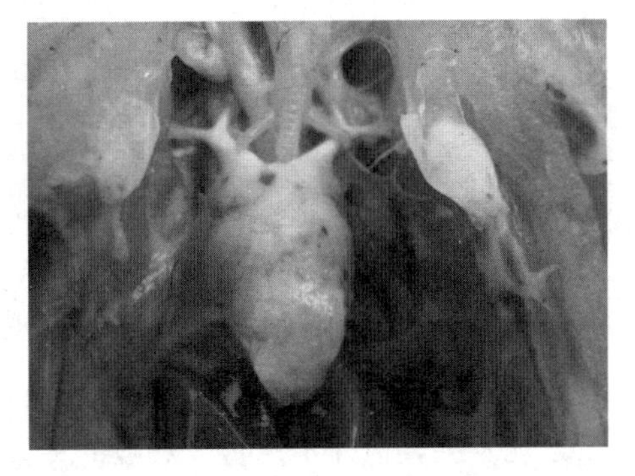

图 9-7　禽流感内脏出血

（五）诊断

根据流行特点、临床表现和病理变化可作出初步诊断。但在流行初期呈散发性时，需与鸡新城疫、鸡霍乱作鉴别诊断。确诊应进行实验室检查。

（六）防治

疫苗接种是防治本病最有效的方法。加强饲养管理，改善鸡群的生活条件，增强鸡体的抵抗力，对预防本病有很大的作用。饲养管理不善，环境条件差或某些传染病如球虫病等常是重要的诱发因素。防止应激因素和预防能引起免疫抑制的疾病如鸡传染性法氏囊病等的感染，避免预防接种起不到作用。对发生本病的处理：一旦发生本病，应严加封锁，对患病鸡群进行处理，对环境进行彻底消毒，对受威胁区采取紧急预防接种。对被感染的场地，应清除所有鸡，将鸡舍清洁消毒后，空置数周，之后再引进新雏鸡。一旦开始育雏，中途不得补充新鸡。

五、鸡痘

鸡痘是由禽痘病毒引起的禽的一种接触性传染病，通常分为皮肤型和黏膜型，前者多为皮肤（尤以头部皮肤）的痘疹，继而结痂、脱落为特征，后者可引起口腔和咽喉黏膜的纤维素性坏死性炎症，常形成假膜，故又名禽白喉，有的病禽两者可同时发生。

（一）病原

属痘病毒科、禽痘病毒属，各种禽痘病毒与哺乳动物痘病毒间不能交叉感染或交叉免疫，但各种禽痘病毒之间在抗原上极为相似，且都具有血细胞凝集性。病毒呈砖形或椭圆形。大小为（200～300）纳米×（100～260）纳米，基因组为单一的双股DNA，核心内面凹陷呈盘状，两面凹陷内各有一个侧体。病毒对低温有高度抵抗力，在干燥的痂块中可以存活几年，但很容易被氧化剂所破坏。

（二）流行病学

本病广泛分布于世界各国，特别是大型鸡场中更易流行。本病可使病禽生长迟缓，减少产蛋，若并发其他传染病、寄生虫病和卫生条件差、营养状况不良时，也可引起大批死亡，尤其是对雏鸡，会造成更严重的损失。家禽中以鸡的易感性最高，不分年龄、性别和品种都可感染，其次是火鸡，其他如鸭、鹅等家禽虽也能发生，但并不严重。鸡痘的传染常由健康鸡与病鸡接触引起，脱落和碎散的痘痂是病毒散布的主要形式。一般需经有损伤的皮肤和黏膜而感染。蚊子及体表寄生虫也可传播本病，蚊子的带毒时间可达10～30天。本病一年四季均可发生，但以春秋两季和蚊子活跃的季节最易流行。拥挤、通风不良、阴暗、潮湿、体表寄生虫、维生素缺乏和饲养管理恶劣，可使病情加重。如有葡萄球菌、传染性鼻炎、慢性呼吸道病等并发感染，可造成大批死亡。

（三）临床症状

潜伏期4～8天，根据侵犯部位不同，分为皮肤型、黏膜型、混合型，偶有败血型。

(1) 皮肤型 常见在鸡冠、肉垂、眼皮、喙角和耳球上发生特殊的痘疹,有时见于腿、脚、泄殖腔和翅内侧。起初出现细薄的灰色麸皮状覆盖物,之后迅速长出结节,初呈灰色,后呈黄灰色,逐渐连接融合,产生大块的厚痂,致使眼缝完全闭合。该型鸡痘一般呈良性经过,对鸡的精神、食欲及产蛋率无过大的影响,无继发感染时死亡率低(见图9-8,彩图)。

图9-8 鸡痘表现

(2) 黏膜型 多发生于小鸡,病死率高,小鸡可达50%。病初呈鼻炎症状,病鸡委顿厌食,流鼻汁,初为浆性黏液,后转为脓性。如蔓延至眶下窦和眼结膜,则眼睑肿胀,结膜充满脓性或纤维蛋白渗出液,甚至引起角膜炎而失明。鼻炎出现后2～3天,在口腔、咽喉处出现溃疡或黄白色假膜,又称白喉型,假膜强行撕下可见出血的溃疡。在气管前部可见隆起的灰白色痘疹,散在或融合在一起,气管局部见有干酪样渗出物,由于呼吸道被阻塞,病鸡常因窒息而死亡(见图9-9,彩图)。

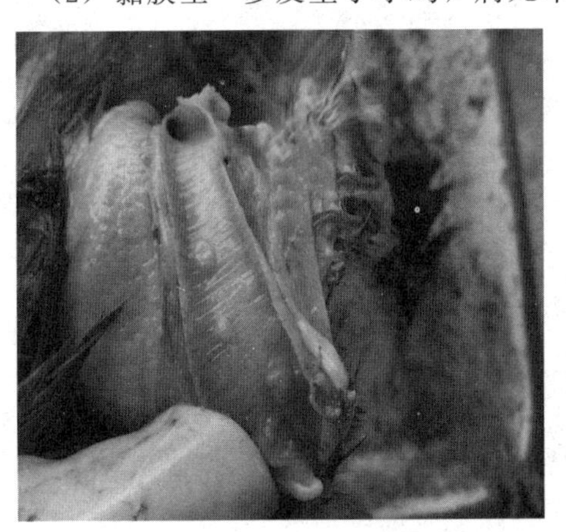

图9-9 鸡痘气管病变

(3) 混合型 鸡群发病兼有皮肤型和黏膜型的临床症状。

(4) 败血型 少见,若发生则以严重的全身症状开始,继而发生肠炎,病鸡有时迅速死亡,有时急性症状消失,转变为慢性腹泻而死。

(四)病理变化

单纯的鸡痘,与临床所见相似。肠黏膜可能有小点状出血,肝、脾和肾常肿大,心肌有时呈现实质变性。

(五)诊断

皮肤和混合型的症状很有特征,不难诊断。单纯的黏膜型易与传染性鼻炎混淆。可采用病料人工感染健康鸡，5～7天内出现典型的皮肤型痘疹症状就是本病。此外也可采用琼脂扩散沉淀试验、血凝试验等方法进行诊断。

（六）防治

平时应搞好鸡场及周围环境的清洁卫生，做好定期消毒，尽量减少或避免蚊虫叮咬，避免各种原因引起的啄癖或机械性外伤。有计划地进行预防接种，是防治本病的有效方法。一般分别在20日龄左右和开产前各进行一次疫苗刺种，即可有效防治本病。

一旦发生本病，应隔离病鸡，轻者治疗，重者淘汰，死鸡深埋或焚烧，健康鸡应进行紧急预防接种，污染场所要严格消毒。隔离的病鸡在完全康复后2个月方可合群。

对病鸡皮肤上的痘疹一般不需要治疗，引起继发感染时，应针对继发症状采取治疗措施。

六、鸡传染性喉气管炎

鸡传染性喉气管炎是由病毒引起的一种急性呼吸道传染病。该病特征为呼吸困难，咳嗽，咳出含有血液的渗出物，喉部和气管黏膜肿胀、出血并形成糜烂。该病传播快，死亡率较高。

（一）病原

传染性鸡喉气管炎病毒属疱疹病毒科，近似立方形，病毒粒子有囊膜，衣壳为二十面体对称，并有162个中空的长壳粒，中心部分由双股DNA所组成。衣壳外有一层含类脂的囊膜，故对乙醚敏感。大小为195～250纳米。

病毒大量存在于鸡的气管组织及其渗出物中，肝、脾和血液中较少见。本病毒的抵抗力很弱，55℃只能存活10～15分钟，37℃存活22～24小时，但在13～23℃时能存活10天。对一般消毒剂都敏感，如3%的来苏儿或1%的氢氧化钠溶液，1分钟即被杀死。低温冻干后在冰箱中可存活10年。

（二）流行病学

在自然条件下，主要侵害鸡，各种年龄的鸡均可感染发病，但以成年育产鸡的症状最为典型。

病鸡和康复后带毒鸡是本病主要的传染源，病毒存在于气管和上呼吸道分泌物中，通过咳出血液和黏液而经上呼吸道传播，约2%康复鸡可带病毒，时间可长达2年。易感鸡与接种活苗的鸡长时间接触，也可感染本病，说明接种活苗的鸡可较长时间排毒。污染的垫草、饲料、饮水及用具可成为传播媒介，人及野生动物的活动也可机械地传播。鸡舍拥挤通风不良、饲养管理不善、维生素A缺乏、寄生虫感染等，都可诱发和促进本病的传播。

本病一年四季均可发生，秋、冬、春季多发。本病在易感鸡群中传播很快，短期内可波及全群，感染率为90%～100%，病死率为5%～70%，一般平均在10%～20%，高产的成年鸡病死率较高。

（三）临床症状

自然感染的潜伏期6～12天，人工气管内接种2～4天。急性患者的特征症状是鼻腔有分泌物和呼吸时发出湿性啰音，继而咳嗽和喘气。严重病例呈现明显的呼吸困难，其程度比鸡的任何呼吸道传染病明显且严重。多数病鸡表现精神不好，食欲下降或废绝，咳出带血的黏液，有时死于窒息。检查口腔时，可见喉部黏膜上有淡黄色凝固物附着，不易擦去。病鸡迅速消瘦，鸡冠发紫，有时排绿色稀便，衰竭死亡。病程5～7天或更长，有的逐渐恢复成为带毒者。

有些比较缓和的呈地方流行性，其症状为生长迟缓、产蛋减少、流泪、结膜炎、眶下窦肿胀，持续性鼻液分泌物增多和出血性眼结膜炎。发病率仅为2%～5%，病程长短不一，最短1周，最长4周，多数在10～14天内恢复（见图9-10，彩图）。

图9-10　鸡传染性喉气管炎表现

（四）病理变化

典型的病变为喉和气管黏膜充血和出血。喉部黏膜肿胀，有出血斑，并覆盖含黏液性分泌物，有时这种渗出物呈干酪样假膜，可能会将气管完全堵塞。炎症也可扩散到支气管、肺和气囊或眶下窦。比较缓和的病例，仅见结膜和窦内上皮水肿及充血。

（五）诊断

本病是一种急性、传播迅速的呼吸道疾病，急性病例常有特征性症状，如张口呼吸、喘气、啰音、阵咳、咳出带血的黏液，部分发生死亡。出血性气管炎是典型病变。再结合鸡群发病史，则可作出初步诊断。在症状不典型、难与其他疾病鉴别时，有必要做实验室检查。

（六）防治

目前缺乏满意的治疗药物，只有对症治疗，可使呼吸困难症状缓解。坚持严格隔离、消毒等防疫措施是防止本病流行的有效方法，封锁疫点，禁止可能污染的人员、饲料、设备和鸡只的移动是成功控制的关键。野毒感染和疫苗都可造成本病潜伏的带毒鸡，因此避免将康复鸡或接种疫苗鸡与易感鸡混群饲养尤为重要。

目前有两种疫苗可用于免疫接种。一种是弱毒苗，经点眼、滴鼻免疫。但弱毒苗一般毒力较强，免疫鸡可出现轻重不同的反应，甚至引起成批死亡，接种途径和接种剂量应严格按说明书进行。一种是强毒苗，可涂擦于泄殖腔黏膜，但排毒的危险性很大。

七、鸡传染性支气管炎

鸡传染性支气管炎是由病毒引起的鸡的一种急性、高度接触传染性的呼吸道疾病。其特征是病鸡咳嗽、喷嚏和气管发生啰音。雏鸡还可出现流涕，产蛋土鸡产蛋减少和质量变劣。肾病变型肾肿大，有尿酸盐沉积。

（一）病原

鸡传染性支气管炎病毒属于冠状病毒科、冠状病毒属中的一个代表种。多数呈圆形，直径20～120纳米。基因组为单股正链RNA。病毒粒子带有囊膜和纤突，含有3种病毒特异蛋白质，即纤突（S）、膜（M）糖蛋白及内部核衣壳（N）蛋白。病毒主要存在于病鸡呼吸道渗出物中，肝、脾、肾和法氏囊中也能发现病毒，在肾和法氏囊内停留的时间可能比在肺和气管中还要长。鸡传染性支气管炎病毒毒株的分型主要根据S蛋白的特性，以前用病毒中和试验将不同毒株分为很多血清型，各血清型间没有或仅有部分交互免疫作用，在这些毒株中多数能使气管产生特异性病变，但也有些毒株能引起肾脏病变和生殖道病变。本病主要通过空气传播，也可以通过饲料、饮水、垫料等传播。饲养密度过大、过热、过冷、通风不良等可诱发本病。多数病毒株在56℃15分钟可灭活，－20℃能保存7年之久，病毒对一般消毒剂敏感，如在1%来苏儿、0.1%高锰酸钾、75%酒精、1%福尔马林、2%氢氧化钠中3分钟内死亡。对外界环境中不良条件的抵抗力较弱，如用紫外线照射也很容易使其灭活。

（二）流行病学

在自然条件下，主要感染鸡，雏鸡易感性强，发病严重，成年鸡也可感染。

病鸡是主要传染源，病鸡通过呼吸道排毒，通过空气飞沫传染给易感鸡。此外，通过饲料、饮水等也可经消化道传染。病鸡康复后可带毒49天，在35日内具有传染性。本病无季节性，但秋末至次年春末发病多见，以冬季最为严重。环境因素主要是冷、热、拥挤、通风不良，特别是强烈的应激作用如疫苗接种、转群等可诱发该病发生。传播方式主要是通过空气传播。此外，人员、用具及饲料等也是传播媒介。本病传播迅速，常在1～2天内波及全群。以呼吸道症状为主的传染性支气管炎，雏鸡多发，发病率高，死亡率25%以上。日龄稍大的鸡或成年鸡死亡率低。以肾病变为主的多见于雏鸡，死亡率在10%～30%。

（三）临床症状

本病自然感染的潜伏期为36小时或更长一些。本病的发病率高，雏鸡的死亡率可达25%以上，但6周龄以上的死亡率一般不高，病程一般多为1～2周，雏鸡、产蛋土鸡、肾病变型的症状不尽相同，现分述如下。

（1）雏鸡　无前期症状，全群几乎同时突然发病。最初表现呼吸道症状，流鼻涕、流泪、鼻肿胀、咳嗽、打喷嚏、伸颈张口喘气。夜间听到明显嘶哑的叫声。随着病情发展，症状加重，缩头闭目、垂翅挤堆、食欲不振、饮欲增加。如治疗不及时，有个别死亡现象。

（2）产蛋土鸡　表现轻微的呼吸困难、咳嗽、气管啰音，有“呼噜”声。精神不振、减食、拉黄色稀粪，症状不很严重，有极少数死亡。发病第2天产蛋开始下降，1～2周下降到最低点，有时产蛋率可降到一半，并产软蛋和畸形蛋，蛋清变稀，蛋清与蛋黄分离，种蛋的孵化率也降低。产蛋量回升情况与鸡的日龄有关，产蛋高峰的成年母鸡，如果饲养管理较好，经2个月基本可恢复到原来水平。但老龄母鸡发生此病可致产蛋量大幅下降，很难恢复到原来的水平，应考虑及早淘汰。

（3）肾病变型　多见于40日龄内的幼鸡。在感染肾病变型的传染性支气管炎毒株时，呼吸道症状轻微或不出现，或呼吸道症状消失后，病鸡沉郁，持续排白色或水样下痢，迅速消瘦，饮水量增加。

（四）病理变化

主要病变在呼吸道。在鼻腔、气管、支气管内，可见淡黄色半透明的浆液性、黏液性渗出物，病程稍长的变为干酪样物质并形成栓子（见图9-11，彩图）。气囊可能混浊或含有干酪性渗出物。产蛋母鸡卵泡充血、出血或变形；输卵管短粗、肥厚，局部充血、坏死。雏鸡感染本病则输卵管损害是永久性的，长大后一般不能产蛋。

肾病变型支气管炎除呼吸器官病变外，可见肾肿大、苍白，肾小管内尿酸盐沉积而扩张，肾呈花斑状，输尿管尿酸盐沉积而变粗。心、肝表面也有沉积的尿酸盐，似一层白霜（见图 9-12，彩图）。

图 9-11 鸡传染性支气管炎气管病变

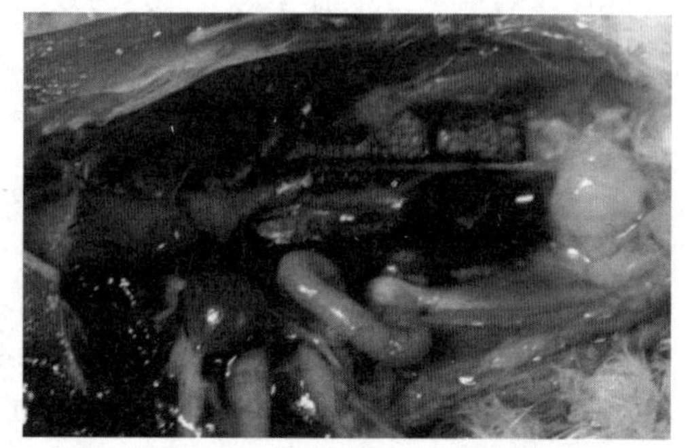

图 9-12 鸡传染性支气管炎内脏病变

（五）诊断

在一般情况下，可根据病史、临床症状和病变作出初步诊断。确诊需进行病毒分离、病毒干扰试验或血清学检查。

（六）防治

严格执行隔离、检疫等卫生防疫措施。搞好雏鸡饲养管理，鸡舍注意通风换气，防止过于拥挤，注意保温，适当补充雏鸡日粮中的维生素和矿物质，及时清洗和消毒鸡舍，减少诱发因素，提高鸡只的免疫力。引进无传染性支气管炎疫情鸡场的鸡苗。因病原血清型多，而使免疫接种复杂化，因此要制定合理的免疫程序进行疫苗接种。

八、鸡霍乱

鸡霍乱又称鸡巴氏杆菌病，本病是由巴氏杆菌引起的鸡、鸭、鹅等禽类的一种以败血症和炎性出血过程为主要特征的传染病，是一种人畜共患传染病，人的病例罕见，且多由伤口感染导致。

（一）病原

多杀性巴氏杆菌是两端钝圆、中央微凸的短杆菌，革兰染色阴性，病料组织或体液涂片用瑞氏、姬姆萨法或亚甲蓝染色镜检，见菌体多呈卵圆形，两端着色深，中央部分着色浅，很像两个并列的球菌，所以又叫两极杆菌。用培养物制作的涂片，两极着色不那么明显。

本菌按菌株间抗原成分的差异，可分为若干个血清型。有人用本菌的特异性荚膜（K）抗原吸附于红细胞上做被动血凝试验，可分为A、B、D、E和F五个血清群。利用菌体（O）抗原做凝集反应将本菌分为12个血清型。利用耐热抗原做琼脂扩散试验将本菌分为16个菌体型。一般将K抗原用英文大写字母表示，将O抗原和耐热抗原用阿拉伯数字表示。因此，菌株的血清型可列式表示，如5∶A、6∶D等（O抗原∶K抗原），或A∶1、B∶2等（K抗原∶耐热抗原）。家禽以5∶A最多，其次是8∶A。国内有人用耐热抗原做琼脂试验，发现家禽感染的主要是Ⅰ型。除多杀性巴氏杆菌外，鸡巴氏杆菌也是本病病原。

本菌存在于病禽全身各组织、体液、分泌物及排泄物里，只有少数病例仅存在于肺脏的小病灶里。本菌对物理和化学因素的抵抗力较低，普通消毒药常用浓度对本菌都有良好的消毒力，但克辽林对此菌的杀菌力差。

（二）流行病学

多杀性巴氏杆菌对多种动物和人均有致病性，多种野禽也能感染。病鸡、康复鸡或健康带菌鸡是本病主要传染源。该病主要通过被污染的饮水、饲料经消化道感染发病。全年均可发生，特别是在潮湿、多雨、气温高的季节多发。人的感染多由于动物咬伤、抓伤所致，也可发生呼吸道感染。

（三）临床症状

自然感染的潜伏期一般为29天，有时在引进病鸡后48小时内也会突然爆发病例。人工感染通常在24～48小时发病。由于在疾病的流行时期，家禽的机体抵抗力和病菌的致病力强弱不同所表现的病状亦有差异。一般分为最急性、急性和慢性三种病型。

（1）最急性型　常见于流行初期，以产蛋高的鸡最常见。病鸡无前期症状，晚间一切正常且吃得很饱，次日发病死在鸡舍内。有时见病鸡精神沉郁，倒地挣扎，拍翅抽搐，迅速死亡。病程短者数分钟，长者也不过数小时。

（2）急性型　此型最为常见，病鸡主要表现为精神沉郁，羽毛松乱，缩颈闭眼，头缩在翅下，不愿走动，离群呆立。病鸡常有腹泻，排出黄色、灰白色或绿色的稀粪。体温升高到43～44℃，减食或不食，渴欲增加。呼吸困难，口、鼻分泌物增加。鸡冠和肉髯变为青紫色，有的病鸡肉髯肿胀，有热痛感。产蛋土鸡停止产蛋。最后发生衰竭、昏迷而死亡，病程短的约半天，长的1～3天，病死率很高。

(3) 慢性型　由急性型转变而来，多见于流行后期。以慢性肺炎、慢性呼吸道炎和慢性胃肠炎较多见。病鸡鼻孔有黏性分泌物流出，鼻窦肿大，喉头积有分泌物而影响呼吸。经常腹泻。病鸡消瘦，精神委顿，冠苍白。有些病鸡一侧或两侧肉髯显著肿大，随后可能有脓性干酪样物质，或干结、坏死、脱落。有的病鸡有关节炎，常局限于脚或翼关节和腱鞘处，表现为关节肿大、疼痛、脚趾麻痹，因而发生跛行。病程可拖至1个月以上，但生长发育和产蛋长期不能恢复。

（四）病理变化

最急性型死亡的病鸡无特殊病变，有时只能看见心外膜有少许出血点。

急性病例具有特征性病变，鸡的腹膜、皮下组织及腹部脂肪常见小点出血。心包变厚，心包内积有大量不透明淡黄色液体，有的含纤维素絮状液体，心外膜、心冠脂肪出血尤为明显。肺有充血或出血点。肝脏的病变具有特征性，肝稍肿，质变脆，呈棕色或黄棕色。肝表面散布有许多灰白色、针头大的坏死点。脾脏一般不见明显变化，或稍微肿大，质地较柔软。肌胃出血显著，肠道尤其是十二指肠呈卡他性和出血性肠炎，肠内容物含有血液（见图9-13，彩图）。

图9-13　鸡霍乱心包积液

慢性型因侵害的器官不同而有差异。当呼吸道症状为主时，见鼻腔和鼻窦内有多量黏性分泌物，某些病例见肺硬变。局限于关节炎和腱鞘炎的病例，主要见关节肿大变形，有炎性渗出物和干酪样坏死。公鸡的肉髯肿大，内有干酪样的渗出物。母鸡的卵巢明显出血，有时在卵巢周围有一种坚实、黄色的干酪样物质，附着在内脏器官的表面。

（五）诊断

根据鸡群的发病情况，详细观察临床症状和病理变化，结合对病鸡的治疗效果，一般可作出较可靠的诊断。应注意与鸡新城疫相区别。鸡新城疫一般不侵害鸭、鹅等禽类，可见神经症状，解剖可见腺胃黏膜水肿，其乳头或乳头间有鲜明的出血点，或有溃疡和坏死，消化道黏膜出血，盲肠、扁桃体出血和坏死，肝脏没有坏死点，抗生素治疗无效。而鸡霍乱可侵害各种家禽，鸭最易感，无神经症状，肝脏有灰白色坏死点，抗生素治疗有效。

（六）防治

加强鸡群的饲养管理，平时严格执行鸡场兽医卫生防疫措施，以栋舍为单位采取全进全出的饲养制度，预防本病的发生是完全有可能的。鸡群发病应立即采取治疗措施，有条件的地方应通过药敏试验选择有效药物全群给药。磺胺类药物、红霉素、庆大霉素、环丙沙星、恩诺沙星均有较好的疗效。在治疗过程中剂量要足，疗程要合理。当鸡只死亡明显减少后，再继续投药 2 天以巩固疗效防止复发。对常发地区或鸡场，药物治疗效果日渐降低，本病很难得到有效的控制，可考虑应用疫苗进行预防。由于疫苗免疫期短，防治效果不十分理想。在有条件的地方可在本场分离细菌，经鉴定合格后制作自家灭活苗，定期对鸡群进行注射，效果较好。

九、鸡沙门菌病

鸡沙门菌病是由沙门菌属细菌引起的鸡的传染病的总称，鸡沙门菌病主要有鸡白痢、鸡伤寒、鸡副伤寒三种病，沙门菌可感染多种动物，也可感染人，使人发生食物中毒和败血症等。

（一）病原

沙门菌属是一大属血清学相关的革兰阴性杆菌，在形态上和生理上都极似大肠杆菌，不形成芽孢，也无荚膜。一般长 1～3 微米，宽 0.4～0.6 微米，间有形成短丝状体。除鸡白痢沙门菌及伤寒沙门菌外，绝大多数沙门杆菌都有鞭毛，能运动。有 2500 个以上血清型。本菌对干燥、腐败、日光等具有一定的抵抗力，在外界条件下可以生存数周或数月，对于化学消毒剂抵抗力不强，一般常用的消毒剂和消毒方法均能达到消毒目的。

（二）流行病学

鸡沙门菌病常形成相当复杂的传播循环，病鸡、带菌鸡是主要传染源。有多种传播途径，最多的是通过带菌蛋传播。带菌蛋有的是从康复或带菌母鸡所产的蛋而来，有的是健康蛋壳污染而带有病菌，通过蛋壳而成为感染蛋。染菌蛋孵化时，容易形成死鸡胚，有的孵化出病雏鸡。病雏的粪便和羽毛中含有大量病菌，污染饲料、饮水、孵化器、育雏器等。因此与病雏共同饲养的健康雏也可通过消化道、呼吸道、眼结膜而受感染。耐过本病的鸡长期带菌，成为新的传染源。

（三）公共卫生

沙门菌不但危害畜禽，而且还可以从畜禽传染给人，人类发病往往是因为吃了病畜和带菌动物的未经充分加热消毒的乳肉产品而发生食物中毒。潜伏期 7～24 小时或可延长至数日。菌数愈多毒力愈强，症状出现就愈早。或见突然发病，体温升高，伴有头痛、寒战、恶心、呕吐、腹痛和严重的腹泻。

为了防止本病从畜禽传染给人，病畜禽应严格执行无害化处理。加强屠宰检验工作，特别是向群众宣传，肉类一定要充分煮熟。与畜禽及其产品经常接触的饲养员、兽医、屠宰人员要做好卫生消毒工作。

1.鸡白痢

各品种的鸡对本病均有易感性，以 2～3 周龄以内雏鸡的发病率与死亡率最高，呈地方流行性，随着日龄的增加，鸡的抵抗力也增强。成年鸡感染呈慢性或隐性经过。

存在本病的鸡场，雏鸡的发病率在 20%～40%，但新传入本病的鸡场，其发病率显著增高，甚至有时高达 100%，病死率也比老疫病场高。

（1）症状　本病在雏鸡和成年鸡中所表现的症状和经过有显著的差异。

① 雏鸡：潜伏期 4～5 天，故出壳后感染的雏鸡多在孵出后几天才出现明显症状。7～10 天后雏鸡群内病雏逐渐增多，在第 2、第 3 周达到高峰。病鸡呈最急性者，无症状迅速死亡。稍缓者表现精神委顿，羽毛松乱，两翼下垂，缩头颈，闭眼昏睡，不愿走动，拥挤在一起。病初食欲减少，而后停食，多数出现软嗉症状。同时腹泻，排稀薄如糨糊状粪便，肛门周围绒毛被粪便污染，有的因粪便干结封住肛门周围，影响排粪（见图 9-14，彩图）。由于肛门炎症引起疼痛，故常发生尖锐的叫声，最后因呼吸困难及心力衰竭而死。有的病雏出现眼盲，或肢关节呈跛行症状。病程短的 1 天，一般为 4～7 天。20 日龄以上的雏鸡病程较长，3 周龄以上发病的极少死亡。耐过鸡生长发育不良，成为慢性患者或带菌者。

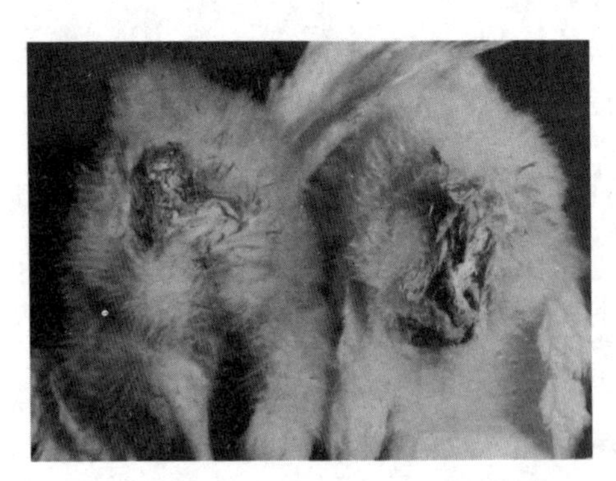

图 9-14　鸡白痢症状

② 成年鸡：成年鸡不表现急性感染的特征，常为无症状感染。母鸡产蛋率、

受精率降低，这种鸡只能用血清学试验才能查出。鸡的死淘率明显高于正常鸡群。极少数病鸡表现精神委顿，头翅下垂，腹泻，排白色稀粪，产蛋停止。有的感染鸡因卵黄囊炎引起腹膜炎，腹膜增生而呈“垂腹”现象，有时成年鸡呈急性发病。

（2）病理变化

① 雏鸡：在日龄短、发病后很快死亡的雏鸡，病变不明显。肝脏肿大、充血或有条纹状出血。其他脏器充血。卵黄囊变化不大，病期延长者卵黄吸收不良，其内容物呈黄绿色油脂状或呈棕黄色奶酪样。有些病例有心外膜炎，肝脏或有点状出血及坏死点，胆囊肿大，脾脏肿大，肾充血或贫血，输尿管充满尿酸盐而扩张，盲肠中有干酪样物堵塞肠腔，有时还混有血液，肠壁增厚，常有腹膜炎。在上述器官病变中，以肝脏的病变最为常见，其次为肺、心、肌胃及盲肠的病变。死于几日龄的雏鸡，见出血性肺炎。稍大的病雏，肺可见灰黄色结节和灰色肝样变。

② 成年鸡：慢性带菌的母鸡，最常见的病变为卵子变形、变色、质地改变以及卵子呈囊状，有腹膜炎，伴以急性或慢性心包炎。受害的卵子呈油脂或干酪样，卵黄膜附着在卵巢上，常有长短粗细不一的卵蒂与卵巢相连，脱落的卵子深藏在腹腔的脂肪性组织内。有些卵则自输卵管逆行而坠入腹腔，有些则阻塞在输卵管内，引起广泛的腹膜炎及腹腔脏器粘连。可以发现腹水，特别见于大鸡。心脏变化稍轻，但常有心包炎，其严重程度和病程长短有关。轻者只见心包膜透明度较差，含有微混的心包液。重者心包变厚而不透明，逐渐粘连，心包液显著增多。在腹腔脂肪中或肌胃及肠壁上有时发现琥珀色干酪样小囊包。从这些病变脏器中能分离到病原菌。

成年公鸡的病变常局限于睾丸及输精管。睾丸极度萎缩，同时出现小脓肿。输精管管腔增大，充满稠密的均质渗出物。

（3）诊断　雏鸡发病，根据流行病学、临床症状及剖检病变综合分析可作出初步诊断。确诊有赖于病菌的分离培养鉴定。成年鸡急性发病，不易与鸡伤寒、鸡副伤寒及鸡巴氏杆菌病区别，需做细菌学诊断。

必须注意与鸡球虫病区别。鸡球虫病一般侵害20～90日龄的小鸡，呈急性或慢性经过，有血性下痢，在小肠或盲肠损害部刮取黏膜做显微镜检查可发现球虫的卵囊。

（4）防治　磺胺类、土霉素等一些抗生素对本病有效。用药物治疗急性病例，可减少雏鸡的死亡，但愈后仍带菌。用大蒜或大蒜与葱头各半切成碎米状充作饲料让鸡自食，有一定的疗效。

防治本病发生的原则在于杜绝病原的传入，消除群内的带菌鸡与慢性病鸡。同时还必须执行严格的卫生、消毒和隔离制度，采取综合防治措施。

种鸡场首先要挑选健康种鸡、种蛋，建立健康鸡群。

孵化时，用2%来苏儿喷雾消毒种蛋，拭干后再入孵，不安全的种蛋不得进入孵化室。每次孵化前，孵化房及所有用具进行彻底消毒。

预防本病应加强饲养管理，消除发病诱因，保持饲料和饮水的清洁、卫生。引进鸡种时，选择无沙门菌病的种鸡场引进。对环境做好消毒工作，加强育雏饲养管理卫生，鸡舍及一切用具要注意经常清洁消毒，做好舍内卫生，密度要合理，育雏室温度维持恒定，注意通风换气，保证饲料营养，发现病雏，及时隔离消毒，防止飞禽或其他动物进入场内散播病原。在本病流行的地区，采用饲料中添加抗生素有很好的预防作用。治疗时应做药敏试验，选用敏感的抗生素。

2.鸡伤寒

本病主要发生于鸡，也可感染火鸡、鸭、孔雀、鹌鹑等鸟类，成年鸡易感，一般呈散发性。

(1) 症状　潜伏期4～5天。污染种蛋可孵出弱雏及死雏。出壳后感染，发病后的表现与鸡白痢相同。在年龄较大的鸡和成年鸡中，急性经过者突然停食，精神委顿，羽毛松乱，头部苍白，鸡冠萎缩，饲料消耗量急剧下降，排黄绿色稀便，体温上升1～3℃，病鸡可迅速死亡，通常经5～10天死亡。自然发病的病死率在雏鸡与成年鸡中都有差异，为10%～50%或更高些。急性、症状明显者常死亡。

(2) 病理变化　死于鸡伤寒的雏鸡有时可见肺、心和肌胃灰白色小病灶，与鸡白痢所见相似。成年鸡最急性者眼观病变轻微或不明显；急性者常见肝、脾、肾充血肿大；亚急性和慢性病例的特征病变是肝肿大呈青铜色，肝和心肌有灰白色粟粒大坏死灶(见图9-15，彩图)，并出现心肌炎，卵子及腹腔病变与鸡白痢相同。公鸡睾丸可存在病灶，并能分离到鸡伤寒沙门菌。

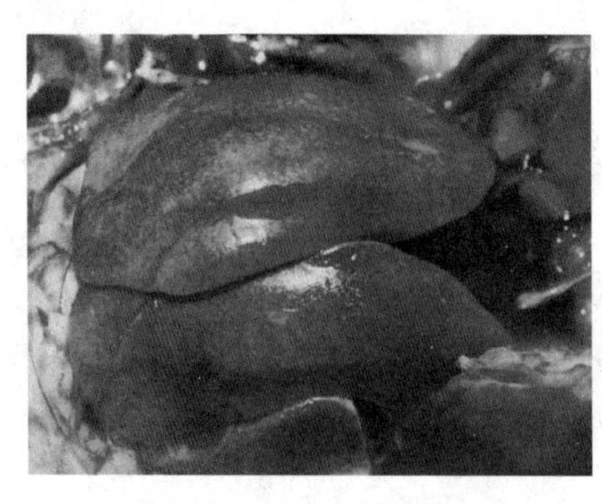

图9-15　鸡伤寒肝脏病变

（3）诊断　鸡伤寒的确诊有赖于从病鸡的内脏器官中做鸡沙门菌的分离培养鉴定。根据本病在鸡群中的流行病史、临床症状和病理变化，特别是肝脏肿大、呈青铜色，可以作出初步诊断。

（4）防治　用磺胺二甲基嘧啶治疗能有效地减少死亡。本病发生时，隔离病鸡，焚烧或深埋尸体，严密消毒鸡舍及用具，用0.1%高锰酸钾溶液作饮水。防止鸟等动物进入鸡舍。其他可参考鸡白痢的防治措施。

3.鸡副伤寒

各种家禽及野禽均易感染，家禽中以鸡和火鸡最常见。常在孵化后2周之内感染发病，6～10天达到最高峰。呈地方流行性，病死率从很低到10%～20%不等，严重者高达80%以上。1月龄以上的鸡有较强的抵抗力，一般不引起死亡。成年鸡往往不表现临床症状。

（1）症状　经带菌蛋感染或出壳感染的，常呈败血症经过，往往不显任何症状迅速死亡，年龄较大的雏鸡则常呈亚急性经过。

幼雏主要表现嗜睡呆立，垂头闭眼，两翅下垂，羽毛松乱，显著厌食，饮水增加，水泄样下痢，肛门粘有粪便，怕冷而靠近热源处或相互拥挤。呼吸症状不常见到。病程1～4天。1月龄以上的一般很少死亡。

成年鸡在自然情况下一般为慢性带菌者，常不出现症状。病菌存在于内脏器官和肠道中。急性病例罕见，有时可出现水泄样下痢、精神沉郁、倦怠、两翅下垂、羽毛松乱等症状。

（2）病理变化　死于鸡副伤寒的雏鸡最急性病例的病变不明显。病期稍长的出现消瘦、失水、卵黄凝固，肝、脾充血并有条纹状或针尖状出血和坏死灶，肺及肾出血，心包炎及心包粘连。但肺的损害未见到像鸡白痢那样的结节。雏鸡常有出血性肠炎，盲肠内有干酪样物。

成年鸡急性感染的病变，见肝、脾、肾充血肿胀，有出血性或坏死性肠炎、心包炎及腹膜炎。产蛋土鸡的输卵管坏死、增生，卵巢坏死、化脓，这种病变常扩展为全面腹膜炎。

慢性感染的成年鸡特别是肠道带菌者，常无明显的病变。剖检血清学阳性的鸡，少数可见消瘦，肠道坏死性溃疡，肝、脾或肾肿大，心脏有结节，卵子变形。

（3）诊断　按照症状、病理变化，并根据该鸡群过去的发病史可以作出初步诊断。确诊决定于病原的分离和鉴定。对于慢性患鸡的生前诊断，目前还没有可靠的方法。

(4) 防治　药物治疗可以降低鸡副伤寒的病死率，并可控制本病的发展和扩散。治疗方法同鸡白痢。目前尚无有效菌苗可利用，故预防本病重在严格实施一般性的卫生消毒和隔离检疫措施。可参考鸡白痢的防治措施。但因为引起鸡副伤寒的沙门菌在自然界分布很广，除家禽外，野禽、人、畜、鼠、蝇、虱和其他野生动物也可带菌排菌，故防治本病要比鸡白痢或鸡伤寒更为艰巨。

十、鸡大肠杆菌病

大肠杆菌是动物肠道内的正常寄居菌，一般来说对动物是有益的，但也有一些特殊血清型的大肠杆菌对人和动物有病原性，尤其对婴儿和幼畜禽。鸡大肠杆菌病是由致病性大肠杆菌引起的一种多发病，随着大型集约化养禽业的发展，致病性大肠杆菌对畜牧业所造成的损失越来越大。

(一) 病原

大肠杆菌为革兰阴性中等大小的杆菌，不形成芽孢，有的有荚膜，有鞭毛，兼性厌氧，对碳水化合物发酵能力强。致病性大肠杆菌和人畜肠道内正常寄居的非致病性大肠杆菌在形态、染色反应、培养特性和生化反应等方面没有区别，但抗原构造不同。已知大肠杆菌有菌体（O）抗原 171 种、表面（K）抗原 103 种、鞭毛（H）抗原 60 种，因而构成许多血清型。O1、O2、O36、O78 等多见于鸡。本菌对外界环境因素的抵抗力属中等，对物理和化学因素较敏感，50℃ 30 分钟或 60℃ 15 分钟可被杀死，120℃消毒立即死亡。在畜禽舍内，大肠杆菌在水、粪便和尘埃中可存活数周或数月之久。本菌对苯酚和甲酚高度敏感，但尿液和粪便的存在会降低这些消毒剂的效果。

(二) 流行病学

本病一年四季均可发生，鸡常在 3～6 周发病，发病率 10%～60%，病死率可达 100%。鸡场密度过大、通风换气不良、饲喂用具及环境消毒不彻底，可加速本病流行。传染途径主要有以下几种。

(1) 消化道　饲料和饮水被本菌污染，尤以水源被污染引起发病最为常见。

(2) 呼吸道　沾有本菌的尘埃被易感鸡只吸入，进入下呼吸道后侵入血液而引起。

(3) 蛋壳穿透　种蛋产出后为粪便等脏物沾污，在蛋温降至环境温度的过程中，蛋壳表面污染的大肠杆菌很容易穿透蛋壳进入蛋内，这种种蛋常于孵化后期引起死胚，或刚孵出的小鸡即发生本病。

（4）交配　患本病的公鸡、母鸡与易感鸡交配可以传播本病。

（5）经蛋传播　患有大肠杆菌性输卵管炎的母鸡，在蛋的形成过程中本菌即可进入蛋内，这样就造成本病经蛋垂直传播，此种传播途径不容忽视。本病常易成为其他疾病的并发病或继发病。常并发或继发大肠杆菌病，其中又以慢性呼吸道病并发或继发本病最为常见。

（三）临床症状

大肠杆菌病临诊形式复杂多样，根据其年龄、抵抗力以及大肠杆菌的致病力、感染途径的不同，可表现为大肠杆菌败血症、肠炎、气囊炎、卵黄腹膜炎、输卵管炎、全眼球炎、大肠杆菌性肉芽肿、脐炎及滑膜炎等。当前危害最严重的是急性败血症，其次为气囊炎、卵黄性腹膜炎。

（1）急性败血型和气囊炎　病菌通过血液循环或呼吸道进入气囊，引起气囊炎，出现咳嗽和呼吸困难；继而逐步发展成肠炎、纤维性心包炎、肝周炎、输卵管炎，出现全身败血症，突然死亡或逐渐衰竭死亡，部分离群呆立或挤堆，羽毛逆立，食欲减退或废绝，拉黄色、绿色、白色稀粪，肛门周围羽毛污染，发病后死亡率较高，是目前危害最大的一类病型。

（2）卵黄性腹膜炎　产蛋土鸡输卵管感染大肠杆菌而产生炎症，导致输卵管伞部粘连，排卵时无法打开，卵泡不能进入输卵管，跌入腹腔而引发广泛的腹膜炎，并产生大量毒素，引发母鸡外观腹部膨大，继而死亡。

（3）脐炎　是指雏鸡的脐孔不能正常愈合，雏鸡多数在出壳后2～3日内死亡。临诊上可见病雏衰弱，挤推，拉稀，病腹部膨大，仔细检查可发现脐部感染。

（4）全眼球炎　舍内空气被大肠杆菌严重污染，感染后引起全眼球炎。急性败血性大肠杆菌后期也可出现，多数为单侧，少数为双侧。

（5）大肠杆菌性肉芽肿　病鸡的肝、心、十二指肠、盲肠及肠系膜上产生肉芽肿，外观与结核结节及马立克病的肿瘤结节相似。

（6）大肠杆菌性脑炎　病鸡的主要症状为昏睡、精神沉郁，出现斜颈、转圈、共济失调等神经症状。

（四）病理变化

（1）急性败血症纤维性心包炎　表现为心包积液、混浊增厚，有纤维性渗出物，与心肌粘连。纤维性肝周炎，肝脏肿大，有不同程度的纤维素性渗出物覆盖。纤维素性腹膜炎，腹腔有纤维素性渗出物。气囊炎，气囊（胸、腹气囊）混浊、增厚，有泡沫状黏液，严重者有黄白色或黄色干酪样渗出物，肠道及各脏器被渗出物充斥。

图 9-16 鸡大肠杆菌内脏病变

（2）卵黄性腹膜炎 表现为产蛋土鸡腹腔中充满淡黄色卵黄，腹腔器官表面覆盖着一层淡黄色凝固的纤维素渗出物，肠道相互粘连，肠浆膜上有针尖大小的出血点，卵泡变形、变色，有的卵泡皱缩，积留在腹腔中的卵黄时间较长即凝固成硬块，切面呈层状，输卵管黏膜发炎，管腔中有黄白色纤维素性凝固分泌物（见图 9-16，彩图）。

（3）脐炎型 表现为脐孔愈合不良，呈蓝黑色，有臭味，腹腔中有未吸收的卵黄，有时发生腹膜炎。

（4）全眼球炎 病鸡患侧眼睑粘连，外观肿大，内有黄白色豆腐渣样物质，切开眼睑可见眼球发炎，眼角膜混浊。内脏器官无明显变化。病鸡消瘦，生长不良，羽毛逆立，不喜活动。

（5）脑炎 病鸡剖检可见脑膜充血、出血、发炎。

（五）诊断

根据流行病学、临床症状和病理变化可做出初步诊断。确诊需进行细菌学检查。

（六）防治

预防鸡大肠杆菌病首先要进行定期消毒，特别是环境和用具的消毒，做好鸡舍的通风换气，降低舍内密度。使用灭活苗，有条件的鸡场可用本场的病鸡分离出大肠杆菌，进行培养后灭活，自制灭活苗，预防本病效果良好。发生本病时可进行药敏试验，选择抑菌效果好的抗生素进行药物治疗。对发生过大肠杆菌病的鸡场可用针对本场血清型生产的疫苗进行免疫接种。

十一、鸡葡萄球菌病

鸡葡萄球菌病是由金黄色葡萄球菌引起的鸡的急性或慢性传染病，一般以组织器官发生化脓性炎症或全身败血症为特征。任何年龄的鸡甚至鸡胚都可以感染。虽然4～6周龄的雏鸡极其敏感，但实际上发生在40～90日龄的中雏和育成鸡最多。本病一年四季均可发生，但近年来的流行病学调查显示，在雨季和潮湿季节发病较多，尤以每年8～11月份为高发期，笼养鸡比平养鸡多见。

（一）病原

典型的葡萄球菌为圆形或卵圆形，直径0.7～1微米，常单个、成对或成葡萄状排列。革兰染色阳性。腐生性葡萄球菌一般为非致病菌。鸡葡萄球菌病主要是金黄色葡萄球菌引起的。葡萄球菌对理化因子的抵抗力较强。对干燥、热（50℃、30分钟）都有相当大的抵抗力。在干燥的脓汁或血液中可存活数月。80℃、30分钟才能杀死，煮沸可迅速使它死亡。一般消毒药中，以苯酚的消毒效果较好，3%～5%苯酚10～15分钟、70%乙醇数分钟可杀死本菌。0.3%过氧乙酸有较好的消毒效果。葡萄球菌对青霉素、金霉素、红霉素、新霉素、卡那霉素和庆大霉素敏感。近年来，由于广泛或滥用抗生素，耐药菌株不断增多，因此，在临诊用药前最好经过药敏试验，选用最敏感药物。

（二）流行病学

金黄色葡萄球菌可侵害各种禽，尤其是鸡和火鸡。任何年龄的鸡甚至鸡胚都可感染。发病在40～60日龄的中雏最多。金黄色葡萄球菌广泛分布在自然界的土壤、空气、水、饲料、物体表面以及鸡的羽毛、皮肤、黏膜、肠道和粪便中。季节和品种对本病的发生无明显影响，平养和笼养都有发生，但以笼养为多。本病的主要传染途径是皮肤和黏膜的创伤，但也可能直接接触和空气传播，雏鸡通过脐带感染也是常见的途径。

（三）临床症状

该病临床表现以败血症、关节炎、皮肤溃烂及雏鸡脐炎为特征。可以急性或慢性发作，取决于侵入鸡体的细菌数量和毒力以及卫生状况。由于病菌侵入鸡体的部位不同，致病力不同，其临床表现多种多样，常见有急性败血症型、慢性关节炎型、脐炎型、眼型和肺型等，有时在同一病例可以表现两种以上病型。

（1）急性败血症型　为常见病型，多发生于中雏。可继发于硒缺乏、再生障碍性贫血、坏疽性皮炎、出血性疾病之后，或与这些病同时发生。患鸡精神沉郁，呆立不动，两翅下垂，羽毛粗乱无光泽，食欲减退或废绝；部分鸡下痢，粪便呈黄绿色。胸腹部、大腿内侧皮下水肿，有血样渗出液，外观呈紫色或紫黑色，触摸有波动感，局部羽毛脱落或用手一摸即脱。皮肤破溃后流出褐色或紫红色的液体，使周围羽毛又湿又脏。部分鸡在翅膀背侧及腹面、翅尖、尾部、头脸、肉垂等部位，出现大小不等的出血斑，局部发炎、坏死或干燥结痂。急性病鸡多在2～5天内死亡，最急性者可在1天内死亡，平均死亡率为5%～10%，少数急性暴发病例，死亡率高达60%以上。

图9-17 鸡葡萄球菌关节病变

(2) 慢性关节炎型 多个关节发生炎性肿胀，趾关节更为多见，局部紫红色或黑紫色，破溃后形成黑色的痂皮，有的出现趾瘤；脚垫刺伤引起肿胀，出现跛行，不能站立，伏卧在水槽或食槽附近，仍能吃食和饮水，但因采食困难而逐渐消瘦，最后衰竭死亡。有的病鸡只表现趾端坏疽，最后干燥脱落。病程多在10天以上（见图9-17，彩图）。

(3) 脐炎型 病鸡精神沉郁，体弱怕冷，不爱活动，常拥挤在热源附近，发出“吱吱”的叫声。突出的表现是腹部膨大，脐孔闭锁不全，脐孔及周围组织发炎肿胀或形成坏死灶，俗称“大肚脐”。一般在2～5天内死亡。

(4) 眼型和肺型 随着病程的延长，发病中期可出现眼型的症状。病鸡头部肿大，病侧上下眼睑肿胀粘连，不能睁开。打开眼睑时可见结膜肿胀，眼角内有多量分泌物，并有肉芽肿。病程久者眼球下陷，眶下肿胀，眼失明，最后因不能采食导致饥饿、衰竭死亡。肺型葡萄球菌病以肺部淤血、水肿和肺实质变化为特征。

(四) 病理变化

其特征病变是创伤感染，皮肤败血病变，脐炎，腱鞘、关节和黏液囊局部性化脓、肿胀等。

(1) 急性败血病型 病鸡胸部、前腹部羽毛稀少或脱落，皮肤呈紫黑色水肿，有的自然破溃。胸腹部和腿内侧肌肉有散在的出血点、出血斑或条纹状出血，尤其胸骨部位的肌肉出血更为明显。肝脏肿大，呈紫红色或花纹样颜色，有出血点，病程稍长的病例，有数量和大小不等的白色坏死点；脾脏肿大，可见白色坏死点；心包发炎，内有黄色混浊的渗出液。

（2）慢性关节炎型　关节和滑膜发炎，关节肿大，滑膜增厚，关节腔内有浆液性或浆液纤维素性渗出物。病程较长的慢性病例，渗出物变为干酪样，关节周围组织增生，关节畸形，胸部囊肿，内有脓性或干酪样的物质。

（3）脐炎型　脐部发炎、肿胀，呈紫红色或紫黑色，有暗红色或黄色的渗出液，时间稍久则呈脓性或干酪样渗出物。卵黄吸收不良，呈污黄色、黄绿色或黑色，内容物稀薄、黏稠或呈豆腐渣样，有时可见卵黄破裂和腹膜炎。肝脏肿大，有出血点，胆囊肿大。胚胎感染，死亡鸡胚的头部皮下水肿，胶冻样浸润，呈黄色、红黄色或粉红色。头及胸部皮下出血。卵黄囊壁充血或出血，内容物稀薄，混有血丝，呈淡黄色。脐部发炎，肝脏有出血点，胸腔内积有暗红色混浊液体。

（4）肺型　肺部则以瘀血、水肿和肺实变为特征，甚至见到黑紫色坏疽样病变。

（五）诊断

根据临床症状和流行病学资料可做出本病的初步诊断。但最后确诊或为了选择最敏感的药物，还需进行实验室检查。

（六）防治

葡萄球菌病是一种环境性疾病，为预防本病的发生，主要是做好经常性的预防工作。

防止发生外伤创伤，做好皮肤外伤的消毒处理，在断喙及免疫刺种时，要做好消毒工作。做好鸡舍、用具、环境的清洁卫生及消毒工作，这对防止本病的发生有十分重要的意义。加强饲养管理，喂给必需的营养物质；禽舍内要适时通风、保持干燥；鸡群不易过大，避免拥挤；有适当的光照；适时断喙；防止互啄现象。这样，就可防止或减少啄伤的发生，并使鸡只有较强的体质和抗病力。对于发病较多的鸡场，为了控制该病的发生和蔓延，可用葡萄球菌多价苗给20日龄左右的雏鸡注射。

一旦鸡群发病，要立即全群给予抗生素治疗。

十二、禽曲霉病

禽曲霉病是真菌中的曲霉引起多种禽类、哺乳动物和人的真菌病，主要侵害呼吸器官。禽类中主要侵害鸡、鸭、鹅、火鸡、鹌鹑、鸽和其他多种鸟类，但以幼禽多发，常见急性、群发性爆发，发病率和死亡率较高，成年禽多为散发。病的特征是形成肉芽肿结节，在禽类以肺及气囊发生炎症和小结节为主。

（一）病原

一般认为曲霉属中的烟曲霉是常见的致病力最强的主要病原。曲霉的形态特征是分生孢子呈串珠状，囊上呈放射状排列。烟曲霉的菌丝呈圆柱状，色泽由绿色、暗绿色至熏烟色。曲霉类，尤其是黄曲霉能产生毒素，其毒素可以引起组织坏死，使肺发生病变，发生肝硬化和诱发肝癌。曲霉孢子对外界环境理化因素的抵抗力很强，在干热 120℃、煮沸 5 分钟才能杀死。对化学药品也有较强的抵抗力。在一般消毒药物中，如碘酊、75％酒精等，需经 1～3 小时才能灭活。

（二）流行病学

曲霉的孢子广泛存在于自然界，如土壤、草、饲料、谷物、养禽环境、动物体表等都可存在。霉菌孢子还可借助于空气流动而散播到较远的地方，在适宜的环境条件下，可大量生长繁殖，污染环境，引起传染。养禽和育雏阶段的饲养管理及卫生条件不良是引起本病爆发的主要诱因。在梅雨季节，由于湿度和温度比较高，很适合霉菌的生长繁殖，垫料和饲料很容易发霉。育雏室内日温差大，通风换气不好，雏禽数量多过分拥挤，阴暗潮湿以及营养不良等因素都能促进该病发生。同样，孵化环境阴暗、潮湿、发霉甚至孵化器发霉等，都可能使种蛋污染，引起胚胎感染，出现死亡，导致孵出不久的幼雏出现症状；或者，在这样污秽的环境中，使幼雏通过呼吸道吸入曲霉的孢子而感染发病。

（三）临床症状

雏鸡开始减食或不食，精神不振，不爱走动，翅膀下垂，羽毛松乱，呆立一隅，闭目、嗜睡状，对外界反应淡漠，接着就出现呼吸困难，呼吸次数增加，喘气，病鸡头颈直伸，张口呼吸，如将小鸡放于耳旁，可听到沙哑的水泡声响，有时摇头，甩鼻，打喷嚏，有时发出咯咯声。少数病鸡，还从眼、鼻流出分泌物。后期还可出现下痢病状。最后倒地，头向后弯曲，昏睡死亡。病程在 1 周左右。如不及时采取措施或发病严重时，死亡率可达 50％以上。

有些雏鸡可发生曲霉性眼炎。病鸡结膜潮红，眼睑肿大，通常是一侧眼的瞬膜下形成一绿豆大小的隆起，致使眼睑鼓起，用力挤压可见黄色干酪样物，有些鸡还可在角膜中央形成溃疡。

慢性多见于成年或青年鸡，主要表现为生长缓慢，发育不良，羽毛松乱、无光，喜呆立，逐渐消瘦、贫血，严重时呼吸困难，最后死亡。产蛋禽则产蛋减少甚至停产，病程数周或数月。放养在户外的鸡只，对曲霉病的抵抗力很强，几乎可避免传染。

（四）病理变化

禽曲霉病的病理变化比较特殊，其病理变化因不同菌株、不同禽种、病情严重程度和病程长短有差异，一般而言，主要见于肺和气囊的变化。

（1）肺　在肺脏上出现典型的霉菌结节，从粟粒到小米粒、绿豆大小不等，结节呈灰白色、黄白色或淡黄色，散在或均匀地分布在整个肺脏组织，结节被暗红色浸润带所包围，稍柔软，有弹性，切开时内容物呈干酪样，似有层状结构，有少数可互相融合成稍大的团块。肺的其余部分则正常。肺上有多个结节时，可使肺组织质地变硬、弹性消失。时间较长时，可形成钙化的结节。

（2）气囊　最初可见气囊壁点状或局灶性混浊，后气囊膜混浊、变厚，或见炎性渗出物覆盖；气囊膜上有数量和大小不一的霉菌结节，有时可见较肥厚隆起的霉菌斑。菌斑约贰分硬币大小，呈圆形、隆起，中心稍凹陷似碟状，呈烟绿色或深褐色，用手拨动时，可见粉状物飞扬（见图9-18，彩图）。腹腔浆膜上的霉菌结节或霉菌斑与气囊上所见大致相似。

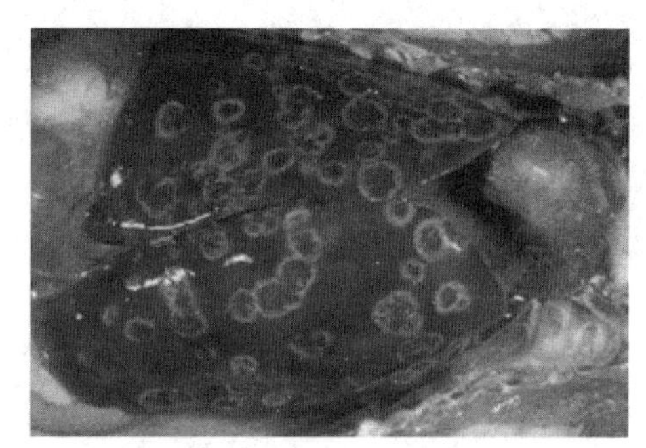

图9-18　禽曲霉病肝脏病变

其他如皮下、肌肉、气管、支气管、消化道、心脏、内脏器官和神经系统也可见到某些病变。肝脏病变是由结节组成的肿瘤状病变。

病理组织学检查，也可见到肺、气囊及某些器官的霉菌结节病变，肉芽肿形成，多核巨细胞、淋巴细胞、异嗜细胞浸润灶。

（五）诊断

根据流行病学、症状和剖检可作出初步诊断，确诊则需进行微生物学检查。

（六）防治

不使用发霉的垫料和饲料是预防本病的关键措施。育雏室保持清洁、干燥；防止用发霉垫料，垫料要经常翻晒和更换，特别是阴雨季节，更应翻晒，防止霉菌生长；保持室内环境及用物的干燥、清洁，饲槽和饮水器具经常清洗，防止霉菌滋生；注意卫生消毒工作；加强孵化的卫生管理，防止雏鸡的霉菌感染；育雏室清扫干净，用甲醛溶液熏蒸消毒和0.3%过氧乙酸消毒后，再进雏饲养。

目前尚无特效的治疗方法。确诊为本病后，对发病鸡群，针对发病原因，立即更换垫料或停喂和更换霉变饲料，清扫和消毒鸡舍，给病鸡群用链霉素饮水或饲料中加入土霉素等抗菌药物，防止继发感染，这样，可在短时期内降低发病率和死亡率，从而控制本病。

十三、鸡慢性呼吸道病

本病是由败血支原体引起的家禽的慢性呼吸道病，其特征为咳嗽、流鼻液、呼吸道啰音和张口呼吸。疾病发展缓慢，病程长，成年鸡多为隐性感染，可在鸡群长期存在和蔓延。

（一）病原

引起鸡慢性呼吸道病的病原体是一种介于病毒与细菌之间没有细胞壁的原核微生物，此微生物叫支原体，也叫败血支原体或霉形体。支原体无细胞壁，在宿主细胞外不能生存，但感染机体后却能够复制并在宿主细胞内长期存活，导致长期感染致病。支原体对外界抵抗力不强，一般消毒药能将其杀死，对热敏感。

（二）流行病学

本病传播方式主要有直接接触传染和经蛋传染，可经过带菌鸡的咳嗽、喷嚏的传染，也可通过污染饲料、饮水传播。此外，还可以通过交配传染。

单独感染支原体的鸡群，在正常饲养管理条件下，一般不表现症状，呈隐性经过，但终生处于感染状态并终生排毒。鸡群接种新支疫苗可能会诱发本病。鸡群密度过大，通风不良，突然更换饲料，卫生差，营养不足，缺乏维生素等都可使鸡抵抗力降低，也可能诱发该病。本病全年均可发生，尤以冬春季节寒冷、雨雪和大风时发病严重。

（三）症状

慢性呼吸道病的潜伏期为4～21天，主要表现为呼吸道症状：咳嗽、喷嚏、气管啰音、甩头，有的鸡流鼻涕，流眼泪，泪中有气泡，严重的眼睑肿大甚至粘连在一起，有的整个眼球凸起，呈球状，内有黄白干酪样物（见图9-19，彩图）。因为眼睛、鼻腔和眶下窦相通，当眶下窦也被干酪样物堵塞时，病鸡出现张口呼吸，采食减少。鼻道、气管、支气管及气囊出现卡他性炎症，气囊壁增厚，气囊内常有黏液性或干酪样渗出物（见图9-20，彩图）。雏鸡和育成鸡比成鸡症状更为严重，生长缓慢，发育不齐。产蛋土鸡则产蛋下降，蛋壳颜色变淡，出现白壳蛋。单纯感染慢性呼吸道病的鸡群一般不引起死亡或死亡很少，但产蛋率下降。

图 9-19　鸡慢性呼吸道病眼部病变

图 9-20　鸡慢性呼吸道病症状

（四）病理变化

此病经常与其他病并发或继发，使病情复杂化、严重化，造成诊断困难。当此病与大肠杆菌病并发时，会出现严重的气囊炎，气囊上有很多黄白干酪样物，可见纤维性心包炎和肝周炎，肝肿大，表面有白色胶冻状物覆盖，可以剥离，病鸡出现发热、下痢等症状。还可观察到肺炎及输卵管炎。重症出现腹膜炎，整个腹腔肠系膜粘连在一起，并见有气泡。病鸡无精神，食欲废绝，体重明显减轻，会引起雏鸡和育成鸡大批死亡。

（五）诊断

根据本病的流行病学、临床症状及病理变化，可作出初步诊断。但本病的确诊必须进行病原体分离鉴定或血清学检查。在鉴别诊断方面，本病应注意与鸡传染性支气管炎、鸡传染性喉气管炎、传染性鼻炎及禽曲霉病等相区别，见表 9-1。

表 9-1　鸡慢性呼吸道病与其他病的鉴别

项目	慢性呼吸道病	传染性鼻炎	传染性喉气管炎	传染性支气管炎	禽曲霉病
病原	鸡败血霉形体	鸡嗜血杆菌	疱疹病毒	冠状病毒	主要是烟曲霉
侵害对象	鸡和火鸡能自然感染	只有鸡能自然感染	只有鸡能自然感染	只有鸡能自然感染	鸡、鸭、鹅等均能自然感染

续表

项目	慢性呼吸道病	传染性鼻炎	传染性喉气管炎	传染性支气管炎	禽曲霉病
流行病学	主要侵害4～8周龄幼鸡，呈慢性经过，或经蛋传染	3～4日龄幼雏有一定抵抗力，4周龄以上的鸡均易感，呈急性经过	主要侵害成年鸡，传播迅速，发病率高	各种年龄的鸡均可发病，但雏鸡最严重，传播迅速，发病率高	各种禽类都可发病，但幼禽最易感。常因接触发霉饲料、垫料而感染，孢子可穿过蛋壳引起胚胎感染
主要症状	流浆液或黏性鼻液，打喷嚏，咳嗽，呼吸困难，出现啰音，后期眼睑肿胀，眼部凸出，眼球萎缩，甚至失明	鼻腔与鼻窦发炎，流鼻涕，打喷嚏，脸部和肉髯水肿，眼结膜发炎，眼睑肿胀，严重者可引起失明	呼吸困难，呈现头颈上伸和张口呼吸的特殊姿势，呼吸时有啰音，咳嗽，咳出血性黏液	咳嗽，打喷嚏，张口呼吸，气管有啰音，鼻窦肿胀，流黏性鼻液，产蛋土鸡产量下降，产软壳蛋、畸形蛋或粗壳蛋	沉郁，呼吸困难，喘气，肉髯发绀，饮水增多，常有下痢，鼻和眼睛发炎
病程	1个月以上，甚至3～4个月	人工感染4～18天	5～7天，长的可达1个月	1～2周，有的可延长到3周	2～7天，慢性者可延至数周
病理变化	鼻、气管、支气管和气囊内有黏稠渗出物，气囊膜变厚和混浊，表面有结节性病灶，内含干酪样物	鼻腔和鼻窦黏膜卡他性炎症，表面有大量黏液。严重时，鼻窦、眶下窦和眼结膜内有干酪样物	发病较轻的，喉头和气管黏膜呈卡他性炎症。重的，该黏膜变性、出血、坏死，上面覆有纤维素性干酪假膜，气管内有血性渗出物	鼻腔、鼻窦、气管、支气管黏膜呈卡他性炎症，有浆液性或干酪样渗出物；产蛋土鸡卵巢滤泡充血、出血、变形，有的腹腔内有卵黄物	肺、气囊和胸腹腔浆膜上有针帽大至小米大的灰白色或淡黄色的霉斑结节，内含干酪样物
实验室诊断方法	分离培养霉形体；或取病料接种7日龄鸡胚蛋黄囊，5～7天死亡，检查死胚；活鸡检疫可用凝集试验	分离培养鸡嗜血杆菌；或取病料接种健康幼鸡，可在1～2天后出现鼻炎症状	取病料接种9～12日龄鸡胚绒毛尿囊膜，3天后绒毛尿囊膜出现增生性病灶，细胞核内有包涵体	取病料接种9～11日龄鸡胚尿囊腔，阻碍鸡胚发育，胚体缩小成小丸形，羊膜增厚，紧贴胚体，卵黄囊缩小，尿囊液增多	取霉斑结节，涂片检查曲霉丝，或取病料做曲霉分离培养
治疗	链霉素及四环族抗生素有效	磺胺、链霉素、土霉素、泰乐菌素有效	尚无有效药物治疗	尚无有效药物治疗	制霉菌素、硫酸铜、碘制剂有一定效果

（六）预防与治疗

引进鸡种时，选择从无本病的鸡场购买，灭活苗接种也可，单纯感染此病很容易用药物控制，药敏试验发现此病对链霉素、恩诺沙星、泰乐菌素等药物最敏感，但易产生耐药性，不应长期使用，应轮换使用或联合用药。但此病很少单独感染，常与其他鸡病并发或继发，给治疗带来了一定困难，应及时采取综合治疗手段。

十四、鸡传染性鼻炎

鸡传染性鼻炎是由副鸡嗜血杆菌引起的鸡的一种急性呼吸道传染病，其特征是鼻腔和鼻窦发炎，打喷嚏，流鼻液，颜面肿胀，结膜炎等。

（一）病原

本病的病原是副鸡嗜血杆菌，幼龄时为革兰阴性的多形性小杆菌，不形成芽孢，无荚膜、鞭毛，不能运动。本菌为兼性厌氧。本菌可在葡萄球菌周围旺盛地生长发育，呈现卫星现象。这可作为一种简单的初步鉴定。副鸡嗜血杆菌易从鼻窦渗出物中分离。该菌抗原型有 A、B、C 3 个血清型。各血清型之间无交叉反应。该菌的抵抗力很弱，培养基上的细菌在 4℃条件下能存活 2 周。在自然环境中很快死亡，对热与消毒药也很敏感。

（二）流行病学

本病可感染各种年龄的鸡，随着鸡只日龄的增加易感性增强。自然条件下以育成鸡和成年鸡多发，尤以产蛋土鸡发生较多。一年四季均可发生，但以寒冷季节多发。此病单独发生其病程为 3～4 周，发病高峰时很少死鸡，但在流行后期鸡群开始好转，产蛋量逐渐回升时，常常继发其他细菌性疾病，使病程延长，死亡增多。鸡场一旦发生本病，往往污染全场，致使其他鸡舍适龄鸡只相继发病，几乎无一幸免。病鸡和带菌鸡是本病的主要传染来源。传播方式以飞沫、尘埃经呼吸道传染为主，其次可通过污染的饮水、饲料经消化道传播。鸡传染性鼻炎的发生与环境因素有很大关系，凡是能使机体抵抗力下降的因素均可成为发病诱因，如鸡群密度过大、通风不良、气候突变等。

（三）临床症状

本病发生的特点是潜伏期短，1～3 天，传播迅速，短时间内便可波及全群。最初看到自鼻孔流出水样汁液，继而转为浆性黏性分泌物，鸡有时甩头、打喷嚏。眼结膜发炎，眼睑肿胀，有的流泪。一侧或两侧颜面肿胀。部分病鸡可见下颌部或肉髯水肿。一般情况下鸡只死亡较少。若饲养管理不良、缺乏营养及继发感染其他疾病时，则病程延长，病情加重，病死率增高。

（四）病理变化

主要病理变化为鼻腔和眶下窦的急性卡他性炎症，黏膜充血肿胀，表面覆有浆液黏液性分泌物。眼结膜充血、肿胀。部分鸡可见下颌及肉髯皮下的水肿。内脏器官一般不见明显变化。

（五）诊断

本病和慢性呼吸道病、慢性鸡霍乱、鸡痘以及维生素缺乏等的症状相类似，故仅从临床症状上来诊断本病有一定的困难。此外，传染性鼻炎常有并发感染，在诊断时必须考虑到其他细菌或病毒并发感染的可能性。如群内死亡率高，病期延长时，则更需考虑有混合感染的因素，需进一步作出鉴别诊断。

（六）防治

由于康复带菌鸡是主要的传染源，故不要从情况不明的鸡场购进鸡种。本菌对多种抗生素有一定的敏感性，可选敏感药物进行治疗和预防。还可以用疫苗进行预防接种控制本病。

第十章 土鸡寄生虫病

第一节　寄生虫病概述

一、寄生和寄生虫

在自然界中，两种生物共同生活的现象很普遍，这种现象是生物长期进化过程中逐渐形成的，称之为共生。由于共生双方的关系不同，一般可分为片利共生、互利共生和寄生三种情况。片利共生是指共生过程中的两种生物，一方受益，另一方不受益，也不受损害；互利共生是指共生过程中的两种生物，互相依赖，彼此受益；寄生是指共同生活在一起的两种生物，一方受益，另一方遭受到不同程度的损害，甚至导致死亡。寄生中的两种生物，受益的一方叫寄生物，受损的一方叫宿主，寄生物有动物和植物之分，动物性的寄生物就叫寄生虫。

二、寄生虫的类别

寄生虫可分为吸虫、绦虫、线虫、棘头虫、蜘蛛昆虫和原虫六大类，其中的前四大类寄生虫又合称为蠕虫。吸虫和绦虫在分类学上属于扁平动物门，线虫属线形动物门，棘头虫属棘头动物门，蜘蛛昆虫属节肢动物门，原虫属于原生动物门。

1. 吸虫

绝大多数吸虫背腹面扁平如叶片状，也有一些吸虫的体形近似圆柱状，少数种类呈长线状。虫体的大小因种类不同差异颇大。小的仅 0.3 毫米，如异形吸虫，大的长达 75 毫米以上，如姜片吸虫。

吸虫一般呈灰白色，前部由特殊肌肉组成、有收缩功能的口吸盘，用以固着在宿主的组织上。口吸盘的底部有口孔，通消化道。很多种吸虫除口吸盘外，还有一个位于虫体前部腹面的腹吸盘；有些吸虫的腹吸盘位于虫体的后端，称后吸盘。腹吸盘或后吸盘都是局限于虫体表面浅层的特殊肌肉组织，只起固着作用，与内部器官无关。

吸虫的体表被有皮肤肌肉囊，是由角质层、角质下层和肌肉层所组成的，皮肤肌肉囊包裹着内部的柔软组织。各种内部器官皆埋置在柔软组织中（见图10-1，彩图）。

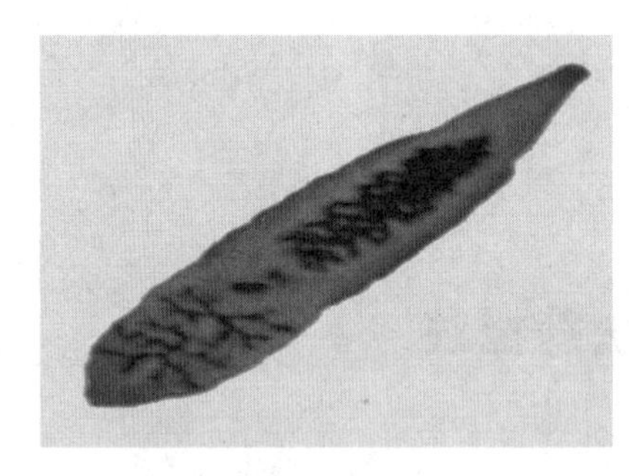

图10-1 吸虫

吸虫的内部器官有消化系统、排泄系统、生殖系统、神经系统。吸虫无体腔，大多数是雌雄同体，发育史复杂，需要两个或两个以上的不同宿主。

2. 绦虫

虫体外观呈背腹面扁平的带状，乳白色，分节，由数个至上千个节片组成。虫体最前端是头节，紧接头节是一个较狭长的颈节，再后即为节片。头节上有四个吸盘或两条吸沟，具有吸附功能。有些绦虫头节顶端生有顶突，顶突上长有小钩；有些种类的吸盘口还长有小钩。节片因内部生殖器官发育程度的不同可分为三种；靠近颈节部分的节片，其生殖器官尚未发育，称为“未成熟节片”；从此往后的生殖器官已发育的节片称“成熟节片”；再往后的节片，其内部的一部分或全部已被蓄满虫卵的子宫所填充，生殖器官的其他部分已部分或全部萎缩，称为“孕卵节片”。孕卵节片可以脱离虫体，随宿主粪便排到外界。孕卵节片陆续脱落，由颈节所生的节片依次向后推移（见图10-2，彩图）。

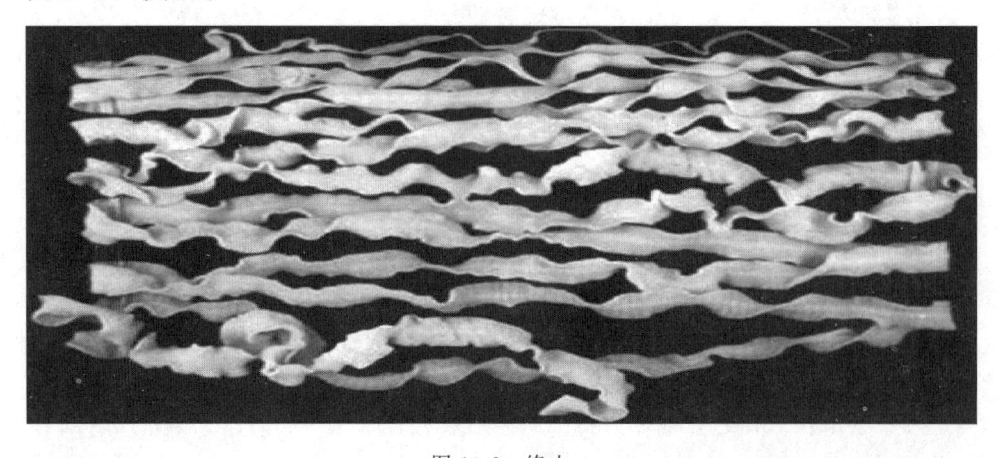

图10-2 绦虫

不同种类的绦虫长度差异甚大，最长的可达 12 米，最短的只有 0.5 毫米。绦虫没有体腔，也没有消化系统，靠体表吸收营养物质。雌雄同体。其每个成熟节片内有雌雄生殖器官，有的种类有一组，有的种类有两组。生殖孔开口于节片的边缘上。雌雄生殖器官的构造与吸虫的大致相同。成熟的虫卵内含有一个幼虫，叫六钩蚴，绦虫的发育史较复杂，除个别寄生于人和啮齿动物的绦虫外，寄生于家畜、家禽的各种绦虫的发育都需要一个或两个中间宿主参与，才能完成其整个发育史。

3. 线虫

外形呈线状、圆柱状或纺锤状，虫体不分节。活虫体通常为乳白色，吸血的常常带红色。头端较钝圆，尾部通常尖细。寄生于畜、禽的线虫都是雌雄异体，雌虫一般大于雄虫，尾部大多较直，雄虫的尾部则常蜷曲。虫体大小差异很大，有的长仅 1 毫米（如旋毛虫），有的长达 1 米多（如麦地那龙线虫）。

线虫体表为角质表皮，表皮光滑或带有横纹，也有带纵纹者（见图 10-3，彩图）。体表的角质皮层上，有些线虫具有各种特殊的凸出物，如乳突状凸出物，有些线虫由于表皮增厚或延展而形成侧翼或尾翼等附属物。

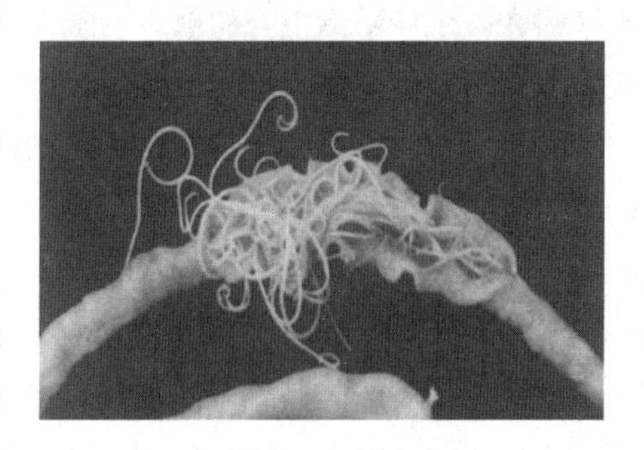

图 10-3　线虫

线虫有假体腔，内部器官如消化、生殖等系统均包在此腔内。雌雄生殖器官为简单弯曲的管状构造，其各个器官均彼此连通，仅在形态上略有区别。线虫大多是卵生的，有的是卵生或胎生的。幼虫一般经 1 次或 2 次蜕化后才能对终末宿主有感染性（侵袭性），这种幼虫称之为感染性幼虫（侵袭性幼虫）。如果有感染性幼虫仍留在卵壳内不孵化的，称这种虫卵为感染性虫卵。线虫在发育过程中有的需要中间宿主参与，有的则不需要。前者的发育形式称为间接型发育，后者称之为直接型发育。

4. 棘头虫

虫体呈长圆状，常弯曲成半圆形，乳白色或黄白色，其大小相差极大，1～50 厘米。虫体不分节，体表平滑，有明显的横纹。有的种类有小刺，有假体腔。雌雄异体，雌大于雄。虫体一般可分为前体部和躯干部。前体部细短，躯干部较粗大，前体部的前部有一吻突，其后为颈部。颈部较短，无钩与棘，吻突可以伸缩，其上长有小棘或小钩，是用于附着宿主肠壁的器官。躯干部前宽后细，是一中空的构造，里面包含着生殖器官、排泄器官、神经系统以及假体腔液等。

发育需一个或两个中间宿主参与，中间宿主为甲壳类动物和昆虫。若有搬运宿主或贮藏宿主，它们往往是蛙、蛇、蜥蜴等脊椎动物。

5. 蜘蛛昆虫

虫体两侧对称，被有外骨骼，体分节，有分节的附肢，虫体分为头、胸、腹三部，有的可能完成融合（如蜱、螨），体腔内充满血液，故称血腔。体内有消化、排泄、循环和生殖系统。雌雄异体。

（1）蜘蛛纲　虫体没有触角和翅，有眼或无眼。体融合为一体（蜱、螨）或分胸部和腹部（蜘蛛）。成虫有四对肢，幼虫有三对肢。与畜禽有关的是蜱和螨。蜱、螨的身体区分为假头（即口器）和躯体，假头凸生于躯体前端。发育多为不完全变态，经卵、幼虫、若虫和成虫四个阶段。

（2）昆虫纲　虫体由头、胸、腹三部分组成。头部有眼、触角和口器。胸部由前胸、中胸和后胸三节组成，每节腹面各有肢一对。中、后胸的背侧各有一对翅，但在寄生性昆虫中有的缺少后肢，有的完全没有翅。腹部一般由 10 个节组成。生殖器官位于第 8、第 9 节处。有些昆虫的发育为完全变态（如蝇类），经卵、若虫、蛹和成虫四个阶段；有些昆虫的发育属不完全变态（如虱类），即卵、幼虫和成虫三个阶段。

6. 原虫

为一种单细胞动物。虫体微小，有的只有 1～2 微米，有的达 100～200 微米，要借助显微镜方能看见。原虫的形态因种类不同而各不相同，即使同一个种有时也表现多样形态。寄生性原虫都是专性寄生虫，对宿主有一定的选择性，或者说有一定的宿主范围。每个原虫由细胞膜、细胞质和细胞核构成，具有与多细胞动物相似的各种生理活动。细胞质分内质和外质，内质具有营养和生殖的功能，外质有运动、摄食、排泄、呼吸和保护等功能。细胞核由核膜、核质、核仁和染色粒构成，具有生命活动的特殊功能。

寄生性原虫的繁殖方式有无性和有性两种，它们的发育史各不相同。有的不需要中间宿主或传播者参与就能完成整个发育史，如球虫；另外一些种类，如梨形虫，需要两个宿主，其中一个既是它发育中的固需宿主，又是它的传播媒介——传播者。有一类传播者称为生物性传播者，原虫需在其体内发育；另一类传播者为机械性传播者，原虫并不在其体内发育，只起到机械的传播作用。

根据在宿主体上寄生部位不同，寄生虫可分为内寄生虫和外寄生虫。内寄生虫寄生于宿主的内部器官，其中以寄生于消化系统的最多，呼吸、泌尿、神经、循环系统及肌组织、淋巴系统、体腔等处也都有寄生，如蠕虫和原虫属于内寄生虫。外寄生虫寄生于宿主的皮肤、毛发等体表，如蜘蛛昆虫类的寄生虫属于外寄生虫。有个别的寄生虫我们虽通常称之外寄生虫，但实际上它们寄生于宿主体内，如疥螨，它们在宿主皮肤内挖掘穴道，在穴道中生活。

从寄生虫的寄生时间长短来说，有暂时性寄生虫和永久性寄生虫之分。属于前者的如蚊子、臭虫、虻等，它们只在宿主体表短暂地吸血。永久性寄生虫是指长期地并且往往是终生地居留在宿主体内，如许多的蠕虫和原虫。

三、宿主的类型

人、动物和植物都可作为寄生虫的宿主。不同种的寄生虫已形成在一种或多种宿主寄生的宿主特异性。已完成寄生生活适应过程的寄生虫，其宿主较为专一；而还在适应寄生生活过程中的寄生虫，其宿主则较多。因此，按寄生虫发育的特性，宿主类型可分为六类。

（1）终末宿主（终宿主）　是指寄生虫的成虫期或其有性生殖阶段所寄生的宿主，如鸡是鸡蛔虫的终末宿主。

（2）中间宿主　是指寄生虫的幼虫期或其无性生殖阶段所寄生的宿主，如前殖吸虫的幼虫阶段寄生在蜻蜓若虫体内发育，蜻蜓若虫便成为它的中间宿主。

（3）第二中间宿主（补充宿主）　某些寄生虫在幼虫或无性生殖阶段需要两个中间宿主，按其顺序，将幼虫寄生的前一个中间宿主称为第一中间宿主，而后一个中间宿主为第二中间宿主。如寄生于鸡、鸭、鹅的卷棘口吸虫，其第一中间宿主是淡水螺，而第二中间宿主是淡水螺、蝌蚪、鱼（鲤科）和蚬。

（4）贮藏宿主　指某些寄生虫的感染性幼虫转入一个并非它们进行发育所需要的动物体内，但保持着对终末宿主的感染力，成为畜禽寄生虫病的感染源。如寄生于鸡盲肠中的异刺线虫，产出的虫卵随粪便排出体外，在外界发育成为感染性虫卵。鸡食此类虫卵即遭感染。蚯蚓摄入此类虫卵，幼虫在其体内不发育，但可长期存在。鸡啄食此类蚯蚓可感染异刺线虫，所以蚯蚓成为鸡异刺线虫的贮藏（传递）宿主。

（5）保虫宿主　某些主要寄生于某种宿主的寄生虫有时也可寄生于其他一些宿主，但不是那么普遍。从流行病学的角度看，通常把这些不常被寄生的宿主称为保虫宿主。如肝片吸虫主要寄生于牛、羊、鹿和骆驼的肝胆管内，也可寄生于猪、马、兔和一些野生动物，而后者这些动物就是肝片吸虫的保虫宿主。寄生于保虫宿主的寄生虫实质上是一种多宿主寄生虫。寄生于人体的日本血吸虫也寄生于牛，从防治人体日本血吸虫病的角度出发，常将耕牛看作是日本血吸虫的保虫宿主，它是人体日本血吸虫的重要感染来源。

（6）带虫宿主　某种寄生虫在感染宿主机体之后，随着机体抵抗力增强或通过药物驱虫，宿主处于隐性感染阶段，对寄生虫保持一定的免疫力，临床上不显症状，但体内保留有一定数量的寄生虫，这样的宿主称为带虫宿主。将宿主的这种状况称为带虫现象。带虫宿主不断地向环境中散布病原，成为某些寄生虫病的重要感染来源。

四、寄生虫病的感染来源和途径

1.感染来源

通常是指寄生有某种寄生虫的带虫宿主、保虫宿主以及某些贮藏宿主，其体内的病原（虫体、虫卵、幼虫）通过粪、尿、痰、血液和其他排泄物、分泌物不断排到体外，污染外界环境，然后经过一定的途径转移给易感动物或中间宿主。

2.感染途径

指病原从感染来源感染给易感动物所必须经过的途径。寄生虫的感染途径有以下四种。

（1）经口感染　蠕虫大多数寄生于鸡的消化道或其附属肝脏内，其次是呼吸和泌尿系统，还有寄生于消化道的原虫。它们的虫卵、幼虫和虫体或虫体断片通常和粪便一起排出，污染牧场、饲料和饮水，鸡采食或饮水时经口感染某些寄生虫。这是寄生虫感染中最为常见的途径。

（2）经皮肤感染　寄生虫的感染性幼虫钻进宿主皮肤，侵入宿主体内而感染。如钩虫、类圆线虫、鸟毕吸虫、日本血吸虫等。

（3）节肢动物传播感染　某些寄生虫需要节肢动物为中间宿主，或是经节肢动物传播。如赖利绦虫需蚁类为其中间宿主，裸头科绦虫需土壤螨为其中间宿主，蜱类传播各种梨形虫病，虻、厩螫蝇传播伊氏锥虫病等。

（4）接触感染　大部分寄生在鸡体表的蜘蛛昆虫（螨、虱等）和寄生在宿主生殖器官黏膜上的一些原虫（毛滴虫等）是靠宿主互相直接接触或通过用具等的间接接触，将病原由病禽传染给健康禽的，如鸡羽虱等。

上述感染途径，有的寄生虫只固定一种，有的则有两种，如类圆线虫、钩虫，既可通过皮肤感染，也可经口感染。

五、寄生虫对宿主的损害

寄生虫对宿主的损害是多方面的，通常表现在以下几个方面。

（1）掠夺宿主的营养　寄生虫在宿主体内寄生时，其全部营养需求均取自宿主，结果使宿主营养缺乏、消瘦和贫血等。这种损害在寄生虫寄生数量多、宿主营养状况较差的情况下更为明显。

（2）机械性损害　寄生虫对宿主的机械性损害，可归纳为损伤、阻塞和压迫三种情况。

① 损伤：有许多寄生虫在宿主体内寄生时，以其口囊、切板、牙齿、钩、棘等器官损伤宿主的黏膜组织，以吸食血液和吞食细胞组织。肝片形吸虫、蛔虫圆形线虫等的幼虫在宿主体内移动时引起组织器官的严重损伤，造成炎症和溃烂。

② 阻塞：寄生虫大量寄生时，常在寄生部位结成团而造成阻塞。如鸡蛔虫造成小肠阻塞，肝片吸虫引起胆管阻塞，气管比翼线虫阻塞气管等。

③ 压迫：有一些寄生虫在宿主体内寄生时，不断生长发育，体积不断增大，因而压迫相邻的组织器官，导致这些组织器官功能障碍或萎缩。

（3）毒素作用　有些寄生虫能分泌一些特殊的毒素，另一些寄生虫则是其本身新陈代谢产物对宿主起毒害作用。宿主中毒后，引起生理功能的紊乱而呈现各种临床症状。

（4）引入其他病原微生物　许多寄生虫在宿主皮肤或黏膜等处造成损伤，给其他病原微生物的侵入创造了条件。

六、寄生虫病防治

寄生虫的防治包括对病鸡的治疗、对健康鸡感染的预防和对病原体的扑灭三个方面的措施。这些措施又是互相联系的，孤立地选用其中某一方面的措施是不可能收到防治效果的。

1.动物的驱虫

根据目的不同，可分为治疗性驱虫和预防性驱虫两种。治疗性驱虫主要是作为恢复鸡健康的紧急措施，只要发生寄生虫病即需进行，因此，可在一年中的任何季节进行。预防性驱虫是依据地区性寄生虫病的流行规律，按预先制定的驱虫计划而进行，多在每年中一定时间内进行1～2次驱虫工作，目的在于避免某种寄生虫病的发生。对于大多数蠕虫病来说，秋末冬初驱虫是最为重要的，因为此时一般是鸡体质由强转弱的时节，这时驱虫有利于保护鸡的健康；另外，这时节不适宜虫卵和幼虫的发育。所以，秋末冬初驱虫可以大大地减少牧场的污染。

几乎所有的驱虫药都不能杀死蠕虫子宫中或已排出消化道或呼吸道中的虫

卵。所以，驱虫后含有分解虫体的粪便排到外界环境中就可造成严重污染。因此，要使驱虫既消除寄生虫对宿主的危害，又能保护环境不受污染，则必须尽力做到以下几点。

① 驱虫应在有隔离条件的场所进行。

② 动物驱虫后应有一定的隔离时间，直到被驱出的寄生虫排完为止，一般应有 2～3 天。

③ 驱虫后排出的粪便应堆集发酵，利用生物热（粪便中温度可达 55～70℃）杀死虫卵和幼虫，这既可以使粪便达到无害化，又不降低粪便作为肥料的质量。

2.搞好环境卫生

搞好环境卫生是减少感染或预防感染的措施。在一般概念中，“减少”和“预防”是使宿主尽可能地避开感染源或与感染源相隔离。前面已提到，对大多数蠕虫和寄生于消化道的原虫来说，粪便是它们的虫卵或幼虫排出的途径，即是宿主感染的来源。所以加强鸡舍的清洁卫生，将粪便堆集发酵进行无害化处理，是搞好环境卫生的关键措施。

第二节　常见寄生虫及防治方法

一、前殖吸虫病

这是由于前殖吸虫属的多种吸虫寄生于鸡的直肠、输卵管、法氏囊、泄殖腔而引起的一种寄生虫病，以输卵管炎、产蛋功能紊乱为特征。除鸡外，火鸡、鸭、鸽、鹅也可感染，常呈地方性流行。前殖吸虫在我国流行多年，尤其是南方更为多见。因需中间宿主蜻蜓而发生于放牧的土鸡。各种年龄的鸡均可感染，多发生于春、夏两季。

（一）病原体

较常见的有下列五种：卵圆前殖吸虫、楔形前殖吸虫、透明前殖吸虫、鲁氏前殖吸虫、家鸭前殖吸虫。

（二）生活史

前殖吸虫的生活史需要两个中间宿主，第一中间宿主是淡水螺，第二中间宿主是蜻蜓的幼虫和成虫。成虫在寄生部位产卵后，虫卵随粪便进入水内被淡水螺吞食，依次发育为毛蚴、胞蚴和尾蚴，尾蚴自螺体内逸出，在水中进入蜻蜓幼虫，并发育成囊蚴，囊蚴在蜻蜓幼虫或成虫体内长期保持活力，当鸡摄食了蜻蜓幼虫或成虫，囊蚴即进入鸡体内并发育成童虫，童虫运行到泄殖腔、输卵管及法氏囊等处寄生，并发育成成虫。

（三）流行病学

本病在野生禽之间的流行常构成自然疫源，带虫鸡是本病的主要污染源。本病流行季节与蜻蜓出现的季节是一致的。江湖河流交错的地区，适宜于各种淡水螺的滋生和蜻蜓的繁殖，有利于本病的流行。

（四）症状

前殖吸虫对鸡可引起明显的症状。初期食欲、产蛋正常，但蛋壳变软变薄，随之产蛋量下降，畸形蛋、软壳蛋、无壳蛋增加。病情继续发展，患鸡出现食欲减退、消瘦、精神不振、产蛋停止，有时从泄殖腔中排出石灰水样液体，并可见腹部膨大，肛门潮红突出。后期体温升高，渴欲增加，严重者甚至死亡。

（五）病理变化

输卵管黏膜增厚、充血、发炎或出血。管壁上可找到虫体，管内有渗出物和蛋物质。部分因炎症加剧造成输卵管破裂，并继发卵黄性腹膜炎。

（六）治疗

可用硫双二氯酚 150 毫克/千克体重拌入饲料中一次内服；还可用丙硫咪唑每千克体重 100 毫克，一次口服。

（七）预防

前殖吸虫通常在 5～7 月份开始流行。应在每年春末夏初经常检查鸡只，发现患鸡及时隔离驱虫。

消灭第一中间宿主淡水螺，通过土壤改良或以化学药品杀灭。

在蜻蜓出现的季节防止鸡群啄食蜻蜓及其幼虫。因清晨和傍晚蜻蜓幼虫多在水边，成虫多落地栖息，故应禁止鸡在清晨、傍晚以及雨后到池塘边采食。

二、鸡棘口吸虫病

鸡棘口吸虫病是由寄生于鸡盲肠和直肠中的棘口吸虫引起的，在我国各地均有分布。

（一）病原体

卷棘口吸虫虫体呈淡红色，长叶状，体表有小刺。虫体大小为（7.6～12.6）毫米×（1.26～1.6）毫米。头颈发达，具有头棘。口吸盘位于虫体前端。两个椭圆形睾丸前后排列于体中部后方，生殖孔位于肠管分叉后方、腹吸盘前方。虫卵呈金黄色、椭圆形，大小为（114～126）微米×（64～72）微米，一端有卵盖，内含一个胚细胞和很多卵黄细胞。宫川棘口吸虫大小为（8.6～18.4）毫米×（1.62～2.48）毫米，两个睾丸呈椭圆形，分叶。除禽、鸟类外，亦可寄生于哺乳动物和人。其他形态结构与卷棘口吸虫相似。

（二）生活史

棘口吸虫的发育需要两个中间宿主，第一中间宿主为折叠萝卜螺、小土蜗和凸旋螺，第二中间宿主除上述三种螺外，尚有半球多脉扁螺、尖口圆扁螺和蝌蚪。

成虫在鸡的直肠或盲肠内产卵，虫卵随粪便排到外界，落入水中的卵在31～32℃条件下仅需10天即孵出毛蚴；毛蚴进入第一中间宿主后，约经32天先后形成胞蚴、雷蚴、尾蚴；尾蚴离开螺体，游于水中，遇第二中间宿主即钻入其体内形成囊蚴。终末宿主禽类吃入含囊蚴的螺蛳或蝌蚪后而感染。囊蚴进入消化道后，囊壁被消化，童虫逸出，吸附在肠壁上，经16～22天即发育成成虫。

（三）流行病学

棘口吸虫病在我国各地普遍流行，对雏鸡的危害较为严重。鸡感染主要是采食浮萍或水草饲料，因为螺与蝌蚪多与水生植物一起滋生。

（四）症状

棘口吸虫病轻度感染仅引起轻度肠炎和腹泻。严重感染时引起下痢、贫血、消瘦、生长发育受阻，甚至发生死亡。

（五）病理变化

棘口吸虫病剖检可见出血性肠炎，肠黏膜上附着有大量虫体，黏膜损伤和出血。

（六）治疗

还可用丙硫苯咪唑每千克体重15毫克，一次口服；氯硝柳胺，每千克体重100～150毫克，一次治疗。

（七）预防

对患病的鸡群有计划地驱虫，驱出的虫体和排出的粪便应严格处理。改良土壤，施用化学药物消灭中间宿主。

三、鸡赖利绦虫病

鸡赖利绦虫病是由戴文科赖利属的多种绦虫引起的。本病全球分布，我国常见的有棘沟赖利绦虫、四角赖利绦虫和有轮赖利绦虫。在流行场地牧养的雏鸡，往往引起大群死亡。

（一）病原体

棘沟赖利绦虫是禽类的大型绦虫，长 25 厘米，宽 1～4 毫米，吸盘呈圆形，上有 8～10 列小钩。顶突上有钩 3 列。

四角赖利绦虫的虫体外形和大小极似棘沟赖利绦虫，不易区别。吸盘卵圆形，上有 8～10 列小钩。头节顶突较小，有 1～3 列钩，颈细长。

有轮赖利绦虫虫体一般不超过 4 厘米，偶有长达 13 厘米者。头节的顶突宽大肥厚，形似轮状突出于前端，有 2 列小钩，吸盘无钩。

（二）生活史

棘沟赖利绦虫和四角赖利绦虫的中间宿主是蚂蚁，孕节或卵囊随粪便排到外界，被蚂蚁吞食后，约经 2 周发育为具有感染性的似囊尾蚴。鸡吞食了含有似囊尾蚴的蚂蚁出现感染，经 19～23 天发育为成虫，并能见到孕节随粪排出。

有轮赖利绦虫的中间宿主是蝇科的蝇类，如步行虫科、金龟子科和伪步行虫科的甲虫。温暖季节在中间宿主体内经 14～16 天似囊尾蚴发育成熟；温度低时需 60 天以上。鸡吃了含有似囊尾蚴的中间宿主后在小肠经 12～20 天，似囊尾蚴发育为成虫。

（三）流行病学

上述三种赖利绦虫均为全球性分布，几乎凡是养鸡的地方，都有这几种绦虫的存在，我国各省亦然，因此危害面很广。

（四）症状

当严重感染时，特别是雏鸡，首先发生消化障碍，往往下痢，食欲降低，渴欲增加，迅速消瘦。病鸡沉郁，不喜运动，两翼下垂，被毛逆立，黏膜黄染。常见到雏鸡因体弱或伴发继发感染而死亡，临死前常出现痉挛症状。母鸡产蛋明显减少，甚至停止，雏鸡生长发育受阻或完全停止。

（五）病理变化

肠黏膜肥厚，肠腔内有大量黏液，恶臭，黏膜贫血，黄染。棘沟赖利绦虫感染时，肠壁上有结核样结节，结节中央有黍粒样的凹陷，亦有变化为疣状溃疡者。

（六）治疗

可用硫双二氯酚150毫克/千克体重拌入饲料中一次内服；丙硫苯咪唑20毫克/千克体重拌入饲料中一次内服；氯硝柳胺，每千克体重50～60毫克，一次治疗。

（七）预防

初建鸡场时，选择未被绦虫污染的场址和未被感染的鸡饲养。进行预防性驱虫，搞好鸡舍环境卫生，粪便进行集中处理。

四、鸡皮刺螨

皮刺螨也称红螨、鸡螨，是土鸡养殖中最常见、危害最严重的外寄生虫病，呈世界性分布，广泛流行于亚热带和温带地区的鸡场。

（一）病原

虫体呈长椭圆形，后部略宽。虫体淡红色或棕灰色，雌虫长（0.72～0.75）毫米×0.4毫米，吸饱血的雌虫可达1.5毫米。雄虫0.60毫米×0.32毫米。假头长，螯肢一对，呈细长的针状，足很长，末端均有吸盘。

（二）生活史

皮刺螨属于不全变态的节肢动物，其发育过程包括卵期、幼虫期、若虫期和成虫期四个阶段。侵袭鸡只的雌虫在每次吸饱血后，一般是回到鸡窝的缝隙、灰尘堆积处或鸡笼的焊接处产卵，每次十多粒。在20～25℃的情况下，卵经过2～3天孵化为3对足的幼虫，幼虫可以不吸血，经2～3天后，蜕化变为4对足的第一期若虫，第一期若虫经吸血后，隔3～4天蜕化变为第二期若虫，第二期若虫再经半天至4天后蜕化变为成虫。

（三）危害

受严重侵袭时，鸡日渐衰弱，贫血，产蛋力下降，可能使小鸡致死。也可以传播禽霍乱、禽螺旋体及脑炎病毒等。

（四）防治

可用2.5%溴氰菊酯2000倍稀释后对鸡舍进行彻底喷洒，特别是鸡舍的缝隙和鸡笼的焊接处。

五、羽虱

鸡虱是鸡的一种永久性寄生虫，分布广泛，严重侵袭对鸡的危害很大。

（一）病原

寄生家禽体表的羽虱属长角羽虱科，常见的有广幅长羽虱、鸡翅长羽虱、鸡圆羽虱、鸡角羽虱和鸡羽虱。羽虱体长0.5～10毫米，咀嚼式口器，触角3～5节，腹部由11节组成，可见的仅8～9节。羽虱发育属不完全变态。

（二）传播方式

传播方式主要是宿主间的直接接触，如圈舍太小，过于拥挤，很容易互相感染，也可以通过公共用具而间接传播。

（三）症状

羽虱主要是啮食宿主的心毛和皮屑。患鸡奇痒不安，影响休息和采食，因啄痒而伤皮肤，羽毛脱落。常引起食欲不佳、消瘦和生产性能降低。鸡头虱（广幅长羽虱）对雏鸡的危害性相当严重，可造成雏鸡生长发育停滞，体质日衰，甚至造成死亡。

（四）防治

可用阿维菌素或伊维菌素拌料，用3天停2天再用3天。

六、鸡球虫病

鸡球虫病是鸡常见且危害十分严重的寄生虫病，它造成的经济损失是惊人的。雏鸡的发病率和致死率均较高，15～50日龄的雏鸡死亡率可高达80%。病愈的雏鸡生长受阻，长期不能复原。成年鸡多为带虫者，但增重和产蛋能力降低。

（一）病原体

病原为原虫中的艾美耳科艾美耳属球虫。世界各国已经记载的鸡球虫种类共有14种之多，但为世界公认的有9种。不同种的球虫，在鸡肠道内寄生部位不一样，其致病力也不相同。柔嫩艾美耳球虫寄生于盲肠，致病力最强；毒害艾美耳球虫寄生于小肠中三分之一段，致病力强；巨型艾美耳球虫寄生于小肠，以中段为主，有一定的致病作用；堆型艾美耳球虫寄生于十二指肠及小肠前段，有一定的致病作用，严重感染时引起肠壁增厚和肠道出血等病变；和缓艾美耳球虫、哈氏艾美耳球虫寄生在小肠前段，致病力较低，可能引起肠黏膜的卡他性炎症；早熟艾美耳球虫寄生在小肠前三分之一段，致病力低，一般无肉眼可见的病变；布氏艾美耳球虫寄生于小肠后段，盲肠根部，有一定的致病力，能引起肠道点状出血和卡他性炎症；变位艾美耳球虫寄生于小肠、直肠和盲肠，有一定的致病力，轻度感染时肠道的浆膜和黏膜上出现单个的、包含卵囊的斑块，严重感染时可出现散在的或集中的斑点。

鸡球虫的发育要经过三个阶段：无性阶段，在其寄生部位的上皮细胞内以裂殖生殖进行；有性生殖阶段，以配子生殖形成雌性细胞、雄性细胞，两性细胞融合为合子，这一阶段是在宿主的上皮细胞内进行的；孢子生殖阶段，是指合子变为卵囊后，在卵囊内发育形成孢子囊和子孢子，含有成熟孢子的卵囊称为感染性卵囊。裂殖生殖和配子生殖在宿主体内进行，称内生性发育。孢子生殖在外界环境中完成，称外生性发育。鸡感染球虫，是由于吞食了散布在土壤、地面、饲料和饮水等外界环境中的感染性卵囊而发生的。

鸡球虫的感染过程：粪便排出的卵囊，在适宜的温度和湿度条件下，经1～2天发育成感染性卵囊。这种卵囊被鸡吃了以后，子孢子游离出来，钻入肠上皮细胞内发育成裂殖子、配子、合子。合子周围形成一层被膜，被排出体外。鸡球虫在肠上皮细胞内不断进行有性和无性繁殖，使上皮细胞受到严重破坏，引起发病。

球虫虫卵的抵抗力较强，在外界环境中一般的消毒剂不易破坏，在土壤中可保持生活力达4～9个月，在有树荫的地方可达15～18个月。卵囊对高温和干燥的抵抗力较弱。当相对湿度为21%～33%时，在18～40℃温度下，柔嫩艾美耳球虫的卵囊经1～5天就死亡。

（二）流行病学

各个品种的鸡均有易感性，15～50日龄的鸡发病率和致死率都较高，成年鸡对球虫有一定的抵抗力。病鸡是主要传染源，凡被带虫鸡污染过的饲料、饮水、土壤和用具等，都有卵囊存在。鸡感染球虫的途径主要是吃了感染性卵囊。人及其衣服、用具等以及某些昆虫都可成为机械传播者。

饲养管理条件不良，鸡舍潮湿、拥挤，卫生条件恶劣时，最易发病。在潮湿多雨、气温较高的梅雨季节易爆发球虫病。

本病一年四季均有发生，发病时间与气温和雨量的关系密切，通常多在温暖的月份流行。在我国北方，大约从4月份开始到9月末为流行季节，7～8月份最严重。

（三）临床症状

急性型的病程为数日到二三周，病初病鸡精神沉郁，羽毛蓬松，头卷缩，常伫立一隅，食欲减退，泄殖孔周围的羽毛被液状排泄物污染、粘连。以后由于肠上皮组织的大量破坏和机体中毒的加剧，病鸡出现共济失调，翅膀轻瘫，渴欲增加，食欲废止，嗉囊内充满液体，鸡冠和可视黏膜贫血、苍白，逐渐消瘦，病鸡常排胡萝卜样粪便，若感染柔嫩艾美耳球虫，开始时粪便为咖啡色，以后变为完全的血粪，如不及时采取措施，致死率可达50%以上。若多种球虫混合感染，粪便中带血液，并含有大量脱落的肠黏膜（见图10-4，彩图）。

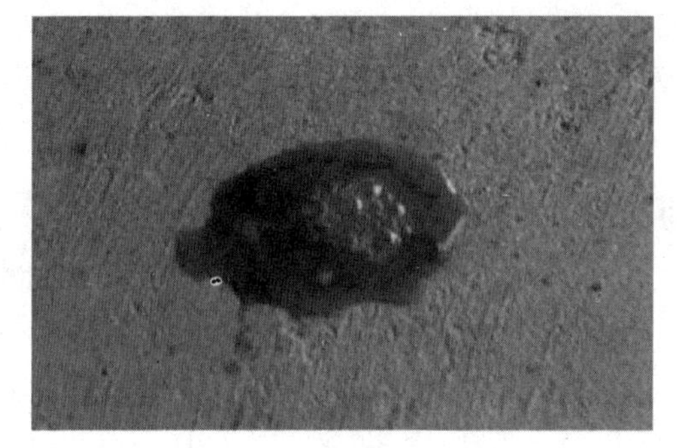

图10-4　鸡球虫病血便

慢性型多见于4个月龄以上的鸡，症状与急性型相似，但不明显，病期较长，可延续数周至数月。病鸡逐渐消瘦，产蛋量减少，很少死亡。

（四）病理变化

病鸡消瘦，鸡冠与黏膜苍白，内脏变化主要发生在肠管，病变部位和程度与球虫的种别有关。

柔嫩艾美耳球虫主要侵害盲肠，两支盲肠显著肿大，可为正常的3～5倍，肠腔中充满凝固的或新鲜的暗红色血液，盲肠上皮变厚，有严重的糜烂。

毒害艾美耳球虫损害小肠中段，使肠壁扩张、增厚，有严重的坏死。在裂殖体繁殖的部位，有明显的淡白色斑点，黏膜上有许多小出血点。肠管中有凝固的血液或有胡萝卜色胶冻状的内容物。

巨型艾美耳球虫损害小肠中段，可使肠管扩张，肠壁增厚；内容物黏稠，呈淡灰色、淡褐色或淡红色。

堆型艾美耳球虫多在上皮表层发育，并且同一发育阶段的虫体常聚集在一起，在被损害的肠段出现大量淡白色斑点。

哈氏艾美耳球虫损害小肠前段，肠壁上出现大头针头大小的出血点，黏膜有严重的出血。

若多种球虫混合感染，则肠管粗大，肠黏膜上有大量的出血点，肠管中有大量的带有脱落的肠上皮细胞的紫黑色血液。

（五）治疗

抗球虫药品种，包括进口的和国产的，共有十余种。

① 氯羟吡啶（可球粉，可爱丹）：混饲预防浓度为125～150毫克/千克，治疗量加倍。育雏期连续给药。

② 莫能霉素：预防按80～125毫克/千克浓度混饲连用。与盐霉素合用有累加作用。

③ 盐霉素（球虫粉，优素精）：预防按60～70毫克/千克浓度混饲连用。

④ 奈良菌素：预防按50～80毫克/千克浓度混饲连用。与尼卡巴嗪合用有协同作用。

⑤ 马杜拉霉素（抗球王、杜球、加福）：预防按5～6毫克/千克浓度混饲连用。

⑥ 杀球灵：主要作预防用药，按1毫克/千克浓度混饲连用。

⑦ 百球清：主要作治疗用药，按25～30毫克/千克浓度饮水，连用2天。

⑧ 磺胺类药：对治疗已发生感染的优于其他药物，故常用于球虫病的治疗。常用的磺胺药有以下几个。

a. 复方磺胺-5-甲氧嘧啶（SMD-TMP），按0.03%拌料，连用5～7天。

b. 磺胺喹噁啉（SQ），预防按150～250毫克/千克浓度混饲或按50～100毫克/千克浓度饮水，治疗按500～1000毫克/千克浓度混饲或250～500毫克/千克饮水，连用3天，停药2天，再用3天。16周龄以上鸡限用。与氨丙啉合用有增效作用。

c. 磺胺间二甲氧嘧啶（SDM），预防按125～250毫克/千克浓度混饲，16周龄以下鸡可连续使用；治疗按1000～2000毫克/千克浓度混饲或按500～600毫克/千克饮水，连用5～6天，或连用3天，停药2天，再用3天。

d. 磺胺间六甲氧嘧啶（SMM，DS-36，制菌磺），混饲预防浓度为100～200毫克/千克；治疗按100～2000毫克/千克浓度混饲或600～1200毫克/千克饮水，连用4～7天。与乙胺嘧啶合用有增效作用。

e. 磺胺二甲基嘧啶（SM_2），预防按2500毫克/千克浓度混饲或按500～1000毫克/千克浓度饮水，治疗以4000～5000毫克/千克浓度混饲或1000～2000毫克/

千克浓度饮水，连用3天，停药2天，再用3天。16周龄以上鸡限用。

f.磺胺氯吡嗪，以600～1000毫克/千克浓度混饲或300～400毫克/千克浓度饮水，连用3天。

g.磺胺增效剂即二甲氧苄氨嘧啶（DVD）或三甲氧苄氨嘧啶（TMP），按1∶(3～5)与磺胺类药合用，对磺胺类药有明显的增效作用，而且可减少磺胺类药的用量，减少不良反应的发生。

（六）预防

成鸡与雏鸡分开喂养，以免带虫的成年鸡散播病原导致雏鸡爆发球虫病。

(1) 加强饲养管理　保持鸡舍干燥、通风和鸡场卫生，定期清除粪便，堆放发酵以杀灭卵囊。保持饲料、饮水清洁，笼具、料槽、水槽定期消毒，一般每周一次，可用沸水、热蒸气或3%～5%热碱水等处理。据报道，用球杀灵和1∶200的农乐溶液消毒鸡场及运动场，均对球虫卵囊有强大杀灭作用。每千克日粮中添加0.25～0.5毫克硒可增强鸡对球虫的抵抗力。补充足够的维生素K和给予3～7倍推荐量的维生素A可加速鸡患球虫病后的康复。

(2) 药物防治　迄今为止，国内外对鸡球虫病的防治主要是依靠药物。使用的药物有化学合成的和抗生素两大类，现今广泛使用的有20种，各种药物可参考治疗用药。

七、鸡组织滴虫病

组织滴虫病又名盲肠肝炎或黑头病，是鸡的一种原虫病，由鸡组织滴虫寄生于盲肠和肝脏引起，以肝的坏死和盲肠溃疡为特征，也发生于野雉、孔雀和鹌鹑等鸟类。表现羽毛松乱，下痢，排淡黄色或淡绿色粪便，剖检可见盲肠发炎，肝表面形成圆形或不规则的坏死溃疡灶。

（一）病原

鸡组织滴虫为多形性虫体，大小不一，近似圆形和变形虫样，伪足钝圆。无包囊阶段，有滋养体。在盲肠腔中的数量不多，直径为5～30微米，常见有一根鞭毛，做钟摆样运动，核呈泡囊状。在组织细胞内的虫体，虽有动基体，但无鞭毛。组织滴虫进行二分裂法繁殖。寄生于盲肠内的组织滴虫可进入鸡异刺线虫体内，在卵巢中分裂，并进入其卵内。异刺线虫卵到外界后，组织滴虫因有卵壳的保护，能生存较长时间，成为重要感染源。本病系通过消化道感染，发生于夏季。3～12周龄的雏鸡易感性最强，卵死亡率也最高，成鸡多为带虫者。蚯蚓吞食土壤中的异刺线虫卵或幼虫后，组织滴虫随同虫蛋或幼虫进入蚯蚓体内，鸡吃到这样的蚯蚓也可以感染本病。

（二）流行特点

组织滴虫病最易发生于2周至三四个月龄以内的雏鸡和育成鸡。本病也见于肉用仔鸡。

（三）临床症状

本病的潜伏期一般为15～20天。病鸡精神委顿，食欲不振，缩头，羽毛松乱。头皮呈紫蓝色或黑色，所以叫黑头病。病情发展下去，患病火鸡精神沉郁，单个呆立在角落处，站立时双翼下垂，闭眼，头缩进躯体，卷入翅膀下。患病鸡排淡黄色或淡绿色粪便，严重病例粪便带血或完全血便，甚至排出大量血液。病程一般为1～3周，病愈康复鸡的体内仍有滴虫，带虫可达数周到数月。成鸡很少出现症状。

（四）病理变化

组织滴虫病的损害常限于盲肠和肝脏，盲肠的一侧或两侧发炎、坏死，肠壁增厚或形成溃疡，有时盲肠穿孔，引起全身性腹膜炎，盲肠表面覆盖有黄色或黄灰色渗物，并有特殊恶臭。有时这种黄灰色干酪样物充塞盲肠腔，呈多层的栓子样。外观呈明显的肿胀和混杂有红灰黄等颜色。肝出现颜色各异、不整圆形稍有凹陷的溃疡灶，通常呈黄灰色或是淡绿色。溃疡灶的大小不等，一般为1～2厘米的环形病灶，也可能相互融合成大片的溃疡区。大多数感染鸡群通常只有剖检足够数量的病死鸡只，才能发现典型病理变化。

（五）治疗

氯苯胍3.3克，混饲，拌入100千克饲料中喂服，连喂1周，停药1周后再喂1周。

（六）预防

由于组织滴虫的主要传播方式是以盲肠体内的异刺线虫虫卵为媒介，所以有效的预防措施是排除蠕虫卵，减少虫卵的数量，以降低这种病的传播感染。因此，在进鸡以前，必须清除鸡舍杂物并用水冲洗干净，然后严格消毒。鸡饲养场内，禁止同时养火鸡，以防止寄生在火鸡体内的大量的组织滴虫感染鸡。严格做好鸡群的卫生管理，饲养用具不得乱用，饲养人员不能串舍，免得互相传播疾病，及时检修供水器，定时移动饲料槽和饮水器的位置，以减少局部地区湿度过大和粪便堆积。

第十一章 土鸡营养代谢病

第一节　土鸡营养代谢病概述

一、营养代谢病的概念及其种类

土鸡在生长发育过程中，不同时期和不同情况下，需要从饲料中摄取适当数量和质量的营养。任何营养物质的缺乏、过量或代谢失常，均可造成机体内某些营养物质代谢过程的障碍，由此而引起的疾病，称为营养代谢病。

土鸡营养代谢病主要包括三大类。

1.维生素缺乏及其代谢障碍疾病

脂溶性维生素如维生素A、维生素D、维生素E、维生素K缺乏或代谢障碍病；水溶性维生素如维生素B_1、维生素B_2、泛酸、烟酸、维生素B_6、生物素、胆碱、叶酸、维生素B_{12}以及维生素C的缺乏或代谢障碍病。

2.无机盐缺乏及代谢障碍疾病

钙、磷、钾、钠、氯、锰、碘、铁、铜、锌、硒等的无机盐缺乏或代谢障碍病。

3.蛋白质、糖、脂肪代谢障碍疾病

土鸡蛋白质缺乏症、痛风、小雏脂肪酸缺乏症。

二、土鸡营养代谢病的原因

1.营养物质摄入不足

日粮供给不足；日粮中缺乏某些维生素、微量元素、蛋白质等营养物质；鸡因食欲下降而引起的营养物质摄入不足。

2.营养物质的需要量增多

如由于特殊生理阶段（产蛋高峰期等），或品种、生产性能的需要，使其所需的营养物质大量增加。在应激状态，胃肠道病影响消化吸收，或寄生虫病和慢性传染病等情况下，都可引起营养代谢病。

3.营养物质的平衡失调

鸡体内营养物质间的关系是复杂的，除各营养物质的特殊作用外，还可通过转化、协同和拮抗等作用以维持其平衡。如钙、磷、镁的吸收，需要维生素D；磷过少，则钙难以沉积；日粮中钙多，影响铜、锰、锌、镁的吸收和利用。因而它们之间的平衡失调，日粮配方不当易发生代谢病。

4.饲料、饲养方式和环境改变

随着新的饲养方式和饲养技术的应用，在生产实践中不断出现新的情况。为了控制雏鸡球虫病或某些传染病，日粮中长期添加抗生素或其他药物，影响肠道微生物合成某些维生素、氨基酸等。又如饲料霉变、贮存时间过长或存在一些抗营养物质，至少可造成三种有害作用：一是产生有毒的代谢产物；二是改变饲料的原有营养成分；三是改变鸡对养分的利用。因此，在查找营养缺乏症时，不仅需注意原发性或绝对的缺乏症，还需注意条件性或相对缺乏症。

三、土鸡营养代谢病的特点

此类疾病种类繁多，发病机理复杂，但与其他疾病相比较，在临床诊治方面有以下几个特点。

1.发病慢，病程较长

从病因作用到鸡表现临床症状，一般皆需要数周或数月。病鸡体温一般低或在正常范围内，大多有生长发育停止、贫血、消化和生殖功能紊乱等临床症状。有的可能长期不出现明显的临床症状而成为隐性型。

2.多为群发性，但不发生接触性传染

此类疾病的发生，多由于鸡群长期或严重缺乏某些营养物质，故发病率高，群发性明显。但这种病在鸡群之间不发生接触性传染，与传染病有明显的区别。

3.早期诊断困难，治疗时间长

此类疾病虽有特征性血液或尿液生化指标的改变，或者有关联器官组织的病理变化，而临床症状表现往往不明显，增加了早期诊断的难度。当发现鸡群得病之后，已造成生产性能降低或免疫功能下降，容易继发或并发某些传染病、慢性病，所需治疗时间也相应延长。

此类疾病可以通过饲料、土壤、水质检验和分析，查明病因。只要去除致病因素，加强治疗，就能得以预防。

四、土鸡营养代谢病的诊断程序

由于此类疾病多呈慢性，大多数病例较长呈隐蔽型经过，无明显症状，临床上常见到的又多是复合性的多种物质代谢障碍。因此，不能仅以某一项实验室指标的变化或临床症状为依据而确诊，必须采用综合诊断方法。

1.病因调查

对饲养管理条件，原料采购地点和饲料加工技术，饲喂料数量和时期，日粮配方平衡状况和其实际营养价值以及土鸡种类、品种、生长发育阶段和生产性能等进行调查了解。

2.临床特征症状识别

例如维生素 B_2 缺乏症的鸡趾爪蜷缩及腿麻痹。锰缺乏症的鸡膝关节肿大，腿骨增粗、弯曲或扭曲等。

3.病理剖检

抽选有代表性病鸡剖检，有时能提供依据。如白鸡的肌肉变性，外观灰黄，骨骼肌有灰白色条纹，横断面有灰白色斑点等。内脏型痛风其内脏器官表面有白色尿酸盐沉着。鸡脂肪病的肝肿大、色黄、质脆，腹腔和肠的表面有大量脂肪沉着。

4.实验室诊断

有目的地选择血液、排泄物、饲料和水、土质等物质进行某些相关项目的检验。如测定血液中尿酸含量剧增，往往是痛风症客观诊断的重要依据。

5.治疗性诊断

通过补给病鸡群可能缺乏的营养物质，观察效果，也是重要的诊断方法之一。如有些地区的鸡群发生腹泻，用多种抗菌药治疗无效，而用亚硒酸钠和维生素 E 能迅速治愈，则可判为维生素 E 硒缺乏症。

五、土鸡代谢病的防治原则

1.应给予合理的日粮

根据土鸡的品种、生长发育不同阶段和生产性能等要求，科学搭配营养物质。按“饲料法规”实验室检查配合饲料的全价性。

2.贯彻防重于治的原则

要对日粮中维生素、微量元素、蛋白质等营养物质的含量以及是否霉败变质进行检测。

3. 实行营养代谢状态检测法

每年对选定代表性鸡群进行 2～4 次实验室检验，这样有助于成群地诊断代谢病的早期类型，可以达到营养代谢病的预测预报。如血液中尿素氮、白蛋白和血红蛋白水平低是鸡长期低蛋白状态的指标。

4. 防治疾病

对影响营养物质消化吸收的疾病和消耗性的疾病要及时进行防治。

第二节 土鸡营养代谢病各论

一、维生素 A 缺乏症

本病是由于日粮中维生素 A 供给不足或消化吸收障碍，引起的以黏膜、皮肤上皮角化变质，生长停滞，干眼病和夜盲症为主要特征的营养代谢性疾病。

（一）诊断

1. 病因调查

日粮中维生素 A 或胡萝卜素（维生素 A 原）缺乏的原因如下。

① 供给不足或需要量增加。鸡体内没有合成维生素 A 的能力，体内所有的维生素 A 都来源于维生素 A 原。但在干谷、米糠、麸皮、棉籽等饲料中，几乎不含维生素 A 原。另外，有些学者认为，鸡对维生素 A 的实际需要量应高于美国 NRC 饲养标准。

② 饲料经过长期贮存、烈日暴晒、高温处理等皆可使其中脂肪酸败变质，加速饲料中维生素 A 类物质的氧化分解过程，导致维生素 A 缺乏。

③ 日粮中蛋白质和脂肪不足，不能合成足够的视黄醛结合蛋白质去运送维生素 A，脂肪不足会影响维生素 A 类物质在肠中的溶解和吸收。

④ 胃肠吸收障碍，发生腹泻或肝病使其不能利用及贮藏维生素 A。

2. 发病特点

① 雏鸡和初开产的母鸡，常易发生维生素 A 缺乏症。鸡一般发生 1～7 周龄。若 1 周龄的鸡发病，则与母鸡缺乏维生素 A 有关。病雏鸡消瘦，喙和小腿部皮肤的黄色消退。流泪、眼睑内有干酪样物质积聚，常将上下眼睑粘在一起，角膜混浊不透明。严重的角膜软化或穿孔失明。口黏膜有白色小结节或覆盖一层白色的豆腐渣样的薄膜，但剥离后黏膜完整并无出血溃疡现象。食道黏膜上皮增生

和角化。有些病鸡受到外界刺激可引起阵发性神经症状。

② 成年鸡发病通常在 2～5 个月内出现症状，呈慢性经过，冠白、有皱褶，爪、喙色淡。母鸡产蛋量和孵化率降低。公鸡性功能降低，精液品质退化。鸡群的呼吸道和消化道黏膜抵抗力降低，易诱发传染病。

③ 继发或并发鸡痛风或骨骼发育障碍所致的运动无力、两脚瘫痪。

3. 实验室化验

血浆和肝脏中维生素 A 和胡萝卜的含量都有明显变化。正常动物每 100 毫升血浆中含维生素 A 10 微克以上，如降到 5 微克则可能出现症状。

（二）防治

① 根据生长与产蛋不同阶段的营养要求特点，调节维生素、蛋白质和能量水平，保证其生理和生产需要。按美国 RNC 饲养标准，配合饲料中的维生素 A 的含量：雏鸡和肉鸡为每千克饲料 1500 国际单位，产蛋土鸡、种鸡为每千克饲料 4000 国际单位。目前实际需要量应高于 RNC 标准。

② 防止饲料放置时间过久，也要防止维生素 A 或胡萝卜素遭受破坏或被氧化。

③ 治疗时要先消除致病的病因。必须立即对病鸡用维生素 A 治疗，剂量为日维持需要量的 10～20 倍。可投服鱼肝油，每只每天喂 1～2 毫升，雏鸡则酌情减少。对发病的大群鸡，可在每千克饲料中拌入 0.2 万～0.5 万国际单位的维生素 A，或补充含有抗氧剂的高含量维生素 A 1.1 万国际单位的饲用油。在短期内给予大剂量的维生素 A，对急性病例疗效迅速而安全，但慢性病例不可能康复。由于维生素 A 不易从机体内迅速排出，长期过量使用会引起中毒，注意防止。

二、维生素 D 缺乏症

维生素 D 是土鸡正常骨骼、喙和蛋壳形成中所必需的物质。当日粮中维生素 D 供应不足、光照不足或消化吸收障碍等皆可致病，使鸡的钙、磷吸收和代谢障碍，发生以骨骼、喙和蛋壳形成受阻为特征的维生素 D 缺乏症。

（一）诊断

1. 病因调查

常见的是日粮维生素 D 缺乏或消化吸收功能障碍，患有肾、肝疾病，日光照射不足。维生素 D_3 在鸡体内的效能是维生素 D_2 的 50～100 倍。补充维生素 D，主要来源靠日光照射和脂肪内的脱氢胆固醇转变而成。

2. 症状及剖检

雏鸡呈现以骨骼极度软弱为特征的佝偻病，其喙与爪变柔软，行走极其吃力，以跗关节伏地移步。产蛋母鸡则出现产薄壳蛋和软壳蛋的数量显著增多，随后产蛋量明显减少，孵化率也明显下降。病重母鸡表现出像“企鹅形”蹲着的特别姿势，以后发生胸骨弯曲，肋骨向内凹陷的特征。死后剖检见到肋骨与脊椎连接处出现珠球状变化，胫骨或股骨的骨骺部可见钙化不良，骨骼软易折断。

3. 实验室化验

血清中的钙明显减少，血浆中1,25-二羟骨胆化醇含量浓度降低。此二项指征有监测预报作用。

（二）防治

① 保证饲料中维生素D的含量。雏鸡和后备鸡的添加量为每千克饲料200国际单位，产蛋土鸡为每千克饲料500国际单位。以上需维生素D量应根据日粮中磷、钙总量与比例，以及直接照射日光时间的长短来确定，否则，也易造成缺乏症或过多症。

② 对病鸡治疗时，可单独一次加大量喂给1500国际单位的维生素D，连用15天以上，到病鸡恢复正常为止。此方法比应用大剂量维生素D加入饲料中饲喂能更快地收到疗效。

三、钙磷缺乏症

土鸡饲料中钙、磷缺乏，以及钙、磷比例失调是骨营养不良的主要原因。不仅影响生长发育中土鸡骨骼的形成、成年母鸡蛋壳的形成，而且影响土鸡的血液凝固、酸碱平衡、神经和肌肉正常功能发挥。

（一）诊断

1. 病因调查

① 日粮中钙或磷缺乏，或者由于钙磷比例失调。

② 维生素D不足（由于维生素D_2对土鸡的效力仅为维生素D_3的1/50，所以日粮中补充以维生素D_3为标准较好）。

③ 日粮中蛋白质过高，或脂肪、植酸盐过多，以及环境温度过高、运动少、日照不足等，都可能成为致病因素。

2. 临床症状

早期即可见病鸡喜欢蹲伏，不愿走动，食欲不振，异嗜，生长发育迟滞等症状。幼鸡的喙和爪变得较易弯曲，肋骨末端呈念珠状小结节，跗关节肿大，蹲卧或跛行，有的拉稀。成年鸡发病主要是高产鸡的产蛋高峰期，初期产薄壳蛋、软皮蛋，产蛋量急剧下降，蛋的孵化率也显著降低。后期病鸡胸骨呈“S”状弯曲变形。

3. 病理剖检

主要病变在骨骼、关节。全身各部骨骼都有不同程度的肿胀，骨体容易折断，骨密质变薄，骨髓腔变大。肋骨变形，胸骨呈“S”状弯曲，骨质软。关节面软，骨肿胀，有的有较大的软骨缺损或纤维物附着。

（二）防治

① 以预防为主。首先要保证土鸡日粮中钙磷的供给量，其次要调整好钙磷的比例。对舍饲笼养土鸡，使之得到足够的日光照射。

② 以早期诊断或监测预报为目标。土鸡日粮中缺磷，其最初的明显反应是血清无机磷浓度降低，可下降到2～3毫克/100毫升；并且出现血清碱性磷酸酶活性明显升高，血清钙浓度的轻度上升。喂给产蛋土鸡低钙日粮，在48小时内即可出现血钙浓度降低，若超过一定时间以后血钙会出现更大幅度的下降。通过血磷、血钙浓度测定并配合骨骼X线检查，可为早期诊断或监测预报本病提供依据，尽早采取防治措施，避免巨大的经济损失。

③ 一般在日粮中以补充骨粉或鱼粉进行防治本病疗效较好。若日粮中钙多磷少，则在补钙的同时要重点以磷酸氢钙、过磷酸钙等补磷。若日粮中磷多钙少，则主要是补钙。另外，对病鸡加喂鱼肝油或补充维生素D_3。

四、痛风

痛风是一种蛋白质代谢障碍引起的高尿酸血症。其病理特征为血液中尿酸水平增高，尿酸即以钠盐形式在关节囊、关节软骨、内脏、肾小管及输尿管中沉积。临床表现为运动迟缓，腿、翅关节肿胀，厌食，衰弱和腹泻。本病多见于鸡、火鸡、水禽，鸽偶尔见之。

（一）诊断

1. 病因调查

① 用大量动物的内脏、肉屑、鱼粉、豌豆等富含蛋白质和核蛋白的饲料长期饲喂而引起的。

② 饲料含钙或镁过高。

③ 日粮长期缺乏维生素 A，可发生痛风性肾炎而呈现痛风症状。若用病种鸡蛋孵化出的雏鸡往往易患痛风，在 20 日龄（一般为 110～120 日龄）时即可提前出现症状。

④ 肾功能不全：引起肾功能不全的因素有的磺胺类药中毒、霉玉米中毒；土鸡肾病变形传染性支气管炎、传染性法氏囊病、鸡腺病毒鸡包涵体肝炎、鸡产蛋下降综合征和鸡白痢等传染病；球虫病、盲肠肝炎；以及患淋巴性白血病、单核细胞增多症和长期消化功能紊乱等疾病过程，都可能继发或并发痛风。

⑤ 潮湿和阴暗、密集、日粮不足或缺乏维生素等因素，皆可能成为促进本病发生的诱因。

2. 症状和病理剖检

病鸡呈现食欲减退，冠苍白，腹泻，排出白色黏液状稀粪。或呈蹲坐、独肢站立姿势。死后剖检，在胸腹膜、肺、心包、肝、脾、肾、肠及肠系膜的表面散布许多石灰样的白色尘屑状或絮状物质，此后为内脏型痛风。若关节肿胀，形成结节，切开或破裂排出灰黄色干酪样尿酸盐结晶，则为关节型痛风。

3. 实验化验

病鸡血液中尿酸水平持久地增高至 10～16 毫克/100 毫升（正常为 2 毫克/100 毫升）。

（二）防治

① 针对调查出的具体病因采取切实可行的措施，往往可收到良好的效果。如有人做过试验，当日粮中蛋白质含量占 38%时，引起幼火鸡的痛风；而当蛋白质含量降至 20%时，则停止发病，有些病鸡逐渐康复。

② 饲料中的钙、磷比例要适当，切勿造成高钙条件。

③ 可试用阿托方（苯基喹啉羟酸）0.2～0.5 克。每次 2 次，口服。此药是为了增强尿酸的排泄及减少体内尿酸蓄积和关节疼痛，但伴有肝、肾功能不全，因此，重症病例或长期应用皆有副作用。

④ 试用别嘌醇 10～30 毫克，每天 2 次，口服。此药化学结构与次黄嘌呤氧化酶的竞争抑制剂，可抑制黄嘌呤的氧化，减少尿酸的形成。用药期间可导致急性痛风发作，给予秋水仙碱 50～100 毫克，每天 3 次，能使症状缓解。

五、异食癖

异食癖是由于营养代谢功能紊乱、味觉异常和饲养管理不当等引起的一种非常复杂的多种疾病的综合征。土鸡有异食癖的不一定都是与物质营养缺乏、代谢紊乱有关，有的属恶癖。因而，从广义上讲异食癖也包含恶癖。

（一）诊断

异食癖土鸡有着明显易看到的症状，较易诊断。临床上常见的有以下几种类型。

（1）啄羽癖　幼鸡在开始生长新羽毛或换小毛时易出现，产蛋土鸡在盛产期和换羽期也可生。

（2）啄肛癖　多发生在产蛋母鸡，由于腹部韧带和肛门括约肌松弛，产蛋后泄殖腔不能及时收缩回去而留露在外，造成互相啄肛。

（3）啄蛋癖　多见于鸡产蛋旺盛的春季，多由于饲料中缺钙和蛋白质不足。

（4）啄趾癖　大多是幼鸡喜欢互啄食脚趾，引起出血或跛行症状。

（二）防治

① 应用电动去喙器等器械去掉雏鸡的一点喙尖，必要时以后再行去喙。

② 有啄癖和被啄伤的病禽，要及时尽快地挑出，隔离饲养与治疗。

③ 检查日粮配方是否达到全价营养。找出缺乏的营养成分及时补给。如蛋白质和氨基酸不足，则需添加豆饼、鱼粉、血粉等；若是因缺乏铁和维生素 B_2 引起的啄羽癖，则每只成年鸡每天给硫酸亚铁 1～2 克和复合维生素 B 5～10 毫克，连用 3～5 天；若暂时弄不清楚啄羽病因，可在饲料中加入 2%石膏粉，或是每只病鸡每天给予 0.5～3 克石膏粉；若是缺盐引起的恶癖，在日粮中暂时添加 2%～5%食盐，保证供足饮水，恶癖很快消失，随之停止增加的食盐，只能维持在 0.5%～1%，以防发生食盐中毒；若缺硫引起啄肛癖，在饲料中加入 1%硫酸钠，3 天之后即可见效，啄肛停止后，暂改为 0.1%的硫酸钠加入饲料内，作为预防。总之，只要及时补给所缺的营养成分，皆可收到良好疗效。

④ 改善饲养管理，消除各种不良因素或应激源的刺激。如疏散密度，防止拥挤；通风，室温适度；调整光照，防止强光长时间照射，产蛋箱避开光线强烈处；饮水槽和料槽放置要合适；饲喂要少量给饲，防止过饥；防止笼具等设备引起外伤。有报道，对雏鸡用 25 瓦红色灯光照明，可预防啄趾癖。总之，只要认真进行科学管理，可收到效果。

参 考 文 献

[1] 朱国生，石传林主编.土鸡饲养技术指南.北京：中国农业大学出版社，2010.

[2] 邱祥聘，杨山主编.家禽学.成都：四川科学技术出版社，2001.

[3] 蔡宝祥主编.家畜传染病学.北京：中国农业出版社，2001.

[4] 南京农学院主编.家畜传染病学.北京：农业出版社，1980.

[5] 尹兆正，李肖梁，李震华主编.优质土鸡养殖技术.北京：中国农业大学出版社，2002.

[6] 张大龙，王继英主编.土鸡饲养技术问答.北京：中国农业大学出版社，2003.

[7] 哈尔滨兽医研究所主编.动物传染病学.北京：中国农业出版社，1999.

[8] 殷震，刘景华主编.动物病毒学.第2版.北京：科学出版社，1997.

[9] 蔡宝祥主编.实用家畜传染病学.上海：上海科技出版社，1989.

[10] 哈尔滨兽医研究所主编.兽医微生物学.北京：中国农业出版社，1998.